智能视频图像处理技术与应用

赵 谦　侯媛彬　郑茂全　著

西安电子科技大学出版社

内 容 简 介

本书在全面综述国内外视频图像的检测、增强、跟踪等技术的基础上，重点介绍了作者在这一领域的研究成果。主要内容包括：分析了矿井图像受噪声影响画面不清等问题，改进了基于模糊熵判别准则合理提取LFFD的相似度增强算法；研究了视频监控系统采集点多、历史留存数据量大，不利于后续查找兴趣特征图像等问题，提出了一种基于相关法的欧氏距离配准算法；研究了现实环境视频照度不均、噪声大、极易丢失目标以及工矿企业安全生产对排查前景目标精度要求高等问题，分析了当目标运动信息不足时CBM会出现误检或局部漏测等问题，通过联合目标的空间整体性提出了一种基于CBM的目标空间整体性背景更新算法；针对公共安全、交通安全行驶中遗留物可能带来的安全隐患等问题，提出了一种基于历史像素稳定度的遗留物检测算法；针对动态目标复杂运动、光照变化及遮挡等因素对目标跟踪性能的影响，分析了现有基于多特征融合的跟踪算法在复杂环境下跟踪准确度不高，且大部分采用单一判定方式来实现多特征融合的情况，提出了一种基于多特征判定准则的目标跟踪融合算法；介绍了基于三频彩色条纹投影轮廓术的微变监测技术。

本书可作为计算机、通信与信息、自动化与控制等专业的高年级本科生与硕士研究生相关课程的辅导教材，也可作为专业技术人员的培训参考书。

图书在版编目(CIP)数据

智能视频图像处理技术与应用/赵谦，侯媛彬，郑茂全著．—西安：
西安电子科技大学出版社，2016.11(2018.2重印)
ISBN 978-7-5606-4304-5

Ⅰ.①智… Ⅱ.①赵… ②侯… ③郑… Ⅲ.①视频信号—数字图像处理—研究 Ⅳ.①TN941.1

中国版本图书馆CIP数据核字(2016)第230109号

策　　划　毛红兵
责任编辑　傅艳霞　马武装
出版发行　西安电子科技大学出版社(西安市太白南路2号)
电　　话　(029)88242885　88201467　　　邮　　编　710071
网　　址　www.xduph.com　　　电子邮箱　xdupfxb001@163.com
经　　销　新华书店
印刷单位　陕西华沐印刷科技有限责任公司
版　　次　2016年9月第1版　2018年2月第2次印刷
开　　本　787毫米×1092毫米　1/16　印张 8.5
字　　数　195千字
印　　数　301～1300册
定　　价　26.00元
ISBN 978-7-5606-4304-5/TN

XDUP 4596001-2

如有印装问题可调换

前　　言

现实视频作业环境存在动态目标多、噪声大、光照不均、遮挡以及仅依靠人工职守造成智能化低、误检率高等问题，因此有必要研究图像增强、提取特征点快速查询配准、实时动态目标检测、遗留物检测以及目标跟踪等技术。通过理解分析图像画面出现的违规行为、可疑目标和潜在危险，以快速合理的方式发出联动报警，同时为事故后期分析提供第一手资料。本书在对视频图像处理相关技术研究的基础上，重点研究动态目标视频图像处理的相关检测算法。

针对图像受噪声影响导致画面不清等问题，本书在分析研究现有图像增强相关技术的基础上，研究分析了基于模糊熵判别准则合理提取局部模糊分形维数(LFFD)的相似度增强算法。该算法通过模糊熵判别合理 LFFD 融合相似性测度来调整图像对比度，并考虑增强过程中的多参数性在相似度测量理论上的应用。实验结果表明，该算法能较好抑制噪声，提高图像对比度。针对如何获得恰当的图像特征及细节纹理，本书提出一种基于小波分解的 Canny 边缘检测算法。该算法引入小波变换提取灰度图像的高低频分量，以此来获得更多的边缘信息完善特征轮廓，并对 3D 特征点云的精确收集起到关键作用。

目前，视频监控系统采集点多，历史留存数据量大，不利于后续查找特征图像。本书针对这些问题提出一种基于相关法的欧氏距离配准算法。该算法通过利用不同特征点自身信息，在 Harris 算法基础上分别对灰度信息使用梯度相关法，对 SIFT 算法描述子信息使用描述子相关法，并结合特征点间的欧氏距离关系来精确匹配。实验结果表明，该算法降低了误匹配的点数，精确了 3D 点云的收集。

本书研究了基于码书模型(CBM)的运动目标检测算法。针对当目标的运动信息不足时，CBM 可能会出现误检或局部漏测等问题，通过联合目标的空间整体性，提出一种基于 CBM 的目标空间整体性背景更新算法。该算法通过对运动目标空间信息变化的分析，寻找前景中潜在的背景，并联合像素时域统计进行背景模型更新。实验结果表明，该算法可以快速适应背景变化，在处理缓慢移动目标和只有局部运动目标时，能减少由于运动信息不足所造成的误判，同时保证了目标检测的完整性。针对目标检测时受阴影干扰等问题，本书提出一种基于 HSV 空间的码字分量平均算法。该算法通过构建码字加权平均背景模型，并将 RGB 空间转换到 HSV 空间达到更新背景、去除阴影的效果。实验结果表明，该算法对去除阴影有较强的鲁棒性。

在遗留物检测方面，本书研究发现以多层达到背景模型为目的基础的算法是通过控制不同模型的更新速度，并比较模型之间的差异来判断遗留物的，但此类算法检测速度较慢，对去除“鬼影”效果不理想。因此，本书提出一种基于历史像素稳定度的遗留物检测算法，该算法在运动目标检测的基础上，对不属于背景码书模型的像素点记录其之前若干帧像素信息，构成历史像素集，并通过统计当前像素与历史像素集的匹配程度来判决该像素点是否稳定，进而判断是否存在遗留物。实验结果表明，该算法检测遗留物准确，而且去除“鬼影”效果较好，实时性强。

动态目标的运动复杂、光照变化以及遮挡等因素对目标跟踪性能影响大，而现有基于多特征融合的跟踪算法在复杂环境下的跟踪准确度不高，且大部分采用单一判定方式来实现多特征融合的问题。因此，本书提出一种基于多特征判定准则的目标跟踪融合算法，该算法首先引入局部背景信息加强对目标的描述，其次在多特征融合过程中利用多种判定准则自适应计算特征权值，最后在 Mean Shift 框架下，结合 Kalman 滤波完成对目标的跟踪。实验结果表明，本文所提算法跟踪准确性高。

在结合视频图像处理应用方面，本书分析研究了基于三频彩色条纹投影轮廓术的微变监测技术。该技术首先利用二维经验模式分解(BEMD)的自适应条纹分析技术解决三频彩色条纹的颜色解耦难题；其次，利用傅立叶变换实现变精度全场包裹相位展开，通过三频变精度得到高精度绝对相位；最后，标定系统，恢复物体高程信息。通过模拟相似实验验证，本书所研究技术具有采集数据精确、处理复杂度低、设备易于安装等优势。

附录中给出了视频图像处理的相关程序，可为读者提供参考。

本书共分为 7 章，其中第 5 章及附录由侯媛彬教授(博士生导师)撰写，第 3 章由郑茂全撰写，其余章节由赵谦撰写。侯媛彬教授负责本书的结构安排。

本书在编写过程中得到了诸多专家的帮助与指导，在此一并表示感谢。

本书也得到朱华伟、赵诚、周勇、王奕婷、寇思玮、任志奇、赵鹏飞等学生的大力支持，作为你们的导师，我很荣幸，感谢你们。

书中难免存在不足之处，欢迎广大读者提出宝贵意见。

编　者

2016.6

目　　录

第1章　绪　　论

视频监测系统的发展经历了三个阶段。第一阶段为模拟视频监测系统。其缺点是监控数量少，监控区域有限，监控视频只能在监控中心调取查看，不方便扩展。第二阶段为模拟数字混合视频监测系统。其性能显著提高，管理控制功能丰富，远距离传输可靠性高，可实现多媒体信息现场查询，但缺点是智能化因素较低。第三阶段为全数字网络视频监测系统。其具有图像质量稳定可靠、监控方式灵活以及可进行智能化扩展等优点。目前，大部分视频监控系统仍主要依靠人工查看、调阅取证图像信息，然而视频监控范围却不断在扩大，所以依赖人工值守的监控方式必然带来巨大的工作量，具体表现如下：

(1) 监控人员容易产生视觉疲劳。视频采集点多、数据量大，这要求监控人员的身体素质、注意力以及发现异常情况的直观判断能力必须十分出色。

(2) 缺乏有效的智能化分析能力，误报率和漏报率较高。监控人员从海量视频数据中分析提取出有价值信息的局限性较大。

(3) 联动报警机制难以开展。依靠人工做出响应和处理，对突发事件、有征兆事件等难以做到准确判断，更无法保证视频监测系统后续联动报警机制的展开。

在此环境下国内很多高新技术公司相继推出了智能化的数字视频监控系统，从视频监控、信号传输、中心控制、远程监管等各方面提出了全方位的解决办法，可以实现从监控平台到地、市监控指挥中心与更高级别监控指挥中心的联网，提高全社会安全管理水平。

目前，国内监控视频系统功能主要体现在：视频传输到监控中心后使用接收光端机将光信号还原为视频信号，经过视频分配器接入硬盘录像和矩阵窗进行视频监看，也可以输入到画面分割器，使用大屏幕等离子电视监看。中心控制室的视频服务器安装一台8～36路的数字监控主机，对现场状况进行实时视频监控和录像，也可以使用TC-8600视频矩阵切换到电视墙上放大查看。

其他功能还包括：

(1) 超级切换：利用数字视频录像机(Digital Video Recorder，DVR)控制图像在屏幕墙上的任意切换，实现矩阵控制平台与DVR平台的无缝连接，将矩阵系统并入数字网络，提升系统整体性能；

(2) 网络控制：可同时浏览16台DVR上的不同视频，灵活控制任何一台视频服务器上的云台设备；

(3) 完美录像：可定时连续录像、动态报警录像、传感器报警录像，具备先进的压缩技术，可调压缩比、帧率，提高图像质量；

(4) 报警联动：具备可报警输入输出联动摄像机电源、灯光，具有报警前5～999秒预录功能；

(5) 抓拍：单帧及多帧画面可同时抓拍，并保存为JPG格式；

(6) 检索方便：可按照文件、日期、时间、监控点、存储器等进行检索查询；

(7) 放大功能：可动态放大正在回放的视频。

综上所述，目前国内视频监控系统正在经历从基础组网阶段到智能化的转变过程，完全实现了高清晰视频图像采集、录像等功能，但距离智能化、无人值守化阶段还有差距，技术还需提高。因此，研究全数字智能视频监测系统将是视频监控发展的方向，其可以改变以往人工值守的旧模式，依靠智能算法自适应分析视频内容，提高处理的实时性、可靠性，控制事态发展，避免和减少损失。

1.1 图像增强现状

现实场景的视频图像会经常存在混合各种噪声干扰、细节纹理不清、对比度差等问题。因此，研究图像增强技术意义较大[1]。

图像增强是指原始图像经过增强处理后，在特征值上比原图像更清晰，易于人们视觉观察，也可以理解为对图像处理后感兴趣信息的细节纹理被增强，不感兴趣的成分或干扰噪声被削弱。传统的图像增强技术考虑图像的某一特性，如图像的灰度等级、纹理及边缘轮廓等。Cheng[2-3]等提出了一种基于测量二维图像相似度的图像增强算法，该方法将灰度、纹理等作为测量二维图像相似度的特征，并取得了一定的增强效果。但该算法对噪声大的图像处理效果并不理想。

美国数学家在1975年提出了“分形”这个概念，却没有对分形进行比较严密的定义，以至于分形理论在很长一段时间里应用相对单一。1986年，B. B. Mandelbrot给出了分形的完整定义，指出分形是“部分和整体之间具有某种相似关系的体系”。此定义为分析自然事物的尺度不变性奠定了基础。后来，关于分形的研究也逐渐从几何形状拓展到时间、空间等领域。传统几何实体的维数一般都是整数的：零维的点、一维的线、二维的面、三维的立体空间以及四维的时间和空间。但在近几十年里，分形不一定是整数的几何维数引起很多研究人员的关注，与此同时，模糊集合理论已经进入研究者的视野。采用基于模糊理论的图像处理技术本质是利用图像的模糊性参数实现对图像的优化处理[4-7]。基于模糊熵[8-10]的图像增强算法是基于图像的纹理特征，并以灰度、边缘特征、像素的分布以及像素点的差异等作为参考值，计算特征数学量来判别图像像素点属性的。该方法使每个像素点和其邻域像素点进行比对，根据设定的阈值滤除噪声点保留特征信息，但该方法对于对比度低的图像有较大误差，易造成图像失真。学者们在探索模糊集合理论过程中积累了很多经典的算法，比如Pal. S. K和King . R. A提出的Pal－King算法[14-17]，该算法被广泛应用。

图像增强[11-12]包含频域增强和空域增强两种。图像频域增强方法有小波变换、contourlet[13]变换等。文献[2]提出一种基于相似度测量的算法，利用边缘轮廓划分图像，对不同的轮廓进行图像增强。该算法结合灰度、纹理信息以及边缘特征，估算出图像像素的相似度特征量。Fang Shaomei[18]等进行了区域一致性测度和四阶模型的图像增强研究，这种模型的去噪和边缘检测效果较好。Yang Yuqian[19]等将自适应图像增强算法结合回归核和局部相似度，能在噪声抑制和边缘增强之间相互取舍，处理结果相对折中。Osinkina[20]等研究了一种两步走的方法：准六方星形金纳米粒子有序阵列，该方法用以研究增强拉曼散射成像及其光谱。

国内也有众多学者利用相似度测量进行图像增强研究。如文献[3]在基于相似度的图像增强基础上，充分考虑医学超声图像实际情况，加入模糊分形维数特征量，进行图像增强。李沛轩[21]等对小波变换和模糊熵理论进行了研究，将原始图像通过小波变换后得到高、低频小波系数，并对不同的系数采用不同的增强处理。杨先凤[22]等提出了基于相似性度量的增强算法，该算法对一幅图像的区域像素进行窗口化处理，并根据相似性基础理论，对提取前后的图像进行相似性检测以达到增强的目的。

在图像增强过程中，准确的边缘提取对于图像增强效果的提升作用明显。边缘[23]是指在每个区域内像素点的灰度值产生阶跃性变化的像素点的集合。1965 年，学者提出了边缘检测算子这个概念，经典的边缘检测算子主要是基于一阶微分的边缘检测方法[24-25]，该方法主要利用模板进行局部差分检测提取陡峭的边缘，但其对噪声敏感，使边缘不能获得较好的连接性。这些算法包括 Roberts 算子、Prewitt 算子以及 Sobel 算子等。基于二阶微分的检测方法[26]，包括 Laplacian 算子、LOG 算子[27]以及由 John Canny 在 1986 年提出的 Canny 边缘检测算法[28]。Canny 边缘检测算法主要能够滤除噪声、增强图像和检测出多阶段的边缘点，在众多的检测算子中优势明显。近几年，学者们还提出了基于数字形态学的边缘检测方法[29]，该方法主要从数学形态学出发，以形态结构元素去度量提取的边缘点，包括基于分形几何的边缘检测方法[30]、标记松弛检测方法[31]以及神经网络的边缘检测算法[32]等。

1.2 特征点提取及配准现状

图像的特征信息是像素概念下的一种抽象表达，也可以表示为图像各种特征的组合。因此，可利用较少的特征信息来描述图像，这样能在很大程度上减少随机噪声、移动及背景等因素对图像特征信息的影响。目前图像特征主要包括曲面、闭合曲线以及特征点等，在选取所有的这些特征描述前景目标对象时，利用特征信息点进行描述的方法能有效减少信息的数据量，提高获得所有特征信息的速度，以达到实时处理的要求。

特征点主要是一些零交叉点和角点，提取方法主要包括使用 B 样条曲线描述的边界角点[33]、使用多边形的边线角点[34]、根据图像梯度方向检测出的角点[35]等，其中包括 Smith 提出的 SUSAN 角点检测算法[36]。该算法通过最小化图像像素点的区域，采用统计特性来判定该像素点是角点、边点还是圆点。Harris 和 Stephens 改进了 Plessey 角点法，提出了 Harris 算法[37]。还有通过检测图像的链码曲率来判定角点的算法[38]，其中包括基于 Gaussian 曲率原则的检测方法，是由 Dreschler 和 Nagel 等[39]提出的；D. G. Lowe 在 2004 年提出了基于尺度不变特征转换(Scale Invariant Feature Transform，SIFT)算法[40]，该算法首先提取局部特征，其次寻找尺度空间极值点，最后提取位置、尺度以及旋转不变量等。

特征点配准是将两幅图像上的特征点作为对象目标的匹配点，并把提取到的匹配点作为描述对象目标的特征信息。经典的特征配准算法常利用灰度相关性[41]的思路进行研究，包括 Beardsley 等[42]提出的通过提取边缘角点作为特征信息点，并根据特征点相关性进行匹配，但这种方法误匹配点数较多。SIFT 算法考虑使用提取的特征点描述子信息来进行匹配，同样也存在误匹配信息。通过匹配特征点获得匹配点集后，由于存在误匹配点，因此有必要进行误匹配点的剔除。传统的 RANSAC 算法[43]是由 Fishler 和 Bolles 于 1981 年提出的，该算法能够在误匹配点高达50%的情况下，取得较多的精确匹配点。融合单应矩阵和极线约束特性作为匹配准则的算法，是由Pritehett和Zisserman等[44]提出的，该算法的关键是假设某个特征点及其周边有限区域是空间平面成像，所以认为匹配点之间应近似满足单应矩阵关系。Lhuillier和Long Quan等[45]提出了一种稠密匹配的方法，该方法将对极几何全局约束、灰度相似性及单应矩阵有限区域约束方法融合起来，对处理纹理复杂的图像特征匹配效果明显，但精度不高。此外，目前还有很多剔除误匹配点的算法，比如最小平方中值法[46]等。

1.3 动态目标检测现状

动态目标检测可实现对场景中运动目标的自动提取，常用的检测方式可分为以下几种：

(1) 基于运动信息的目标检测。该方法光对场景中运动目标信息进行分析，然后提取运动目标。

(2) 基于图像分割的运动目标检测。该方法将图像分割成不同的相似区域，然后根据相关准则检测分割区域并提取待检目标。

(3) 基于特征信息的目标检测。该方法根据目标的不同选择不同的特征信息来进行检测，首先通过学习，从样本空间中提取目标特征训练分类器，然后根据分类器进行判决，最后从图像中提取出相同特征的目标。

本书根据智能视频监控的要求，选择基于运动信息的目标检测。该方法通过检测视频序列在时间上的连续变化来提取运动目标。常见的检测算法有三种：帧间差分法(Temporal Differencing)[47]、光流法(Optical Flow)[48]和背景减法(Background Subtraction)[49]。

在实际的场景中进行动态目标检测会受到如天气变化、光线突变、摇动的树叶、水面波动等因素的影响，而对于背景的更新过程还要考虑场景中物体的增加和减少情况。针对上述一系列问题，研究者提出了一系列的相关算法，而基于背景建模的背景差分算法，在应对复杂场景时具备较大的优势，因而成为研究的主流。目前该方法大致可分为以下几类[50]。

1. 基于参数和非参数的背景建模方法

基于参数的建模方法需要事先假设每个像素点的特征值应该符合的分布模型，并准确地估计出该分布模型的参数模型，然后计算得到背景模型。然而，这种假设建立在背景符合一定分布的情况下，但现实的场景并不一定符合这种假设。为了能够处理某种不需要假设的检测场景，文献[51]中提出的非参数化模型，其不需要进行像素特征分布假设，而是通过直接计算特征值概率密度函数来建立概率统计模型。该方法完全依靠训练数据进行概率估计，无需过多先验条件，并可对任意形状目标概率密度进行估计。估计方式需要对场景进行训练，在训练的过程中收集到足够多的样本，再利用核概率密度对样本进行估计，使其收敛到特定的概率密度函数内。核密度预测(Kernel Density Estimation，KDE)方法[52]是经典的非参数背景建模方法，其无需预先假设概率模型，而是通过足够多的样本估计背景像素的概率密度函数，最终估计出当前像素是否属于背景的概率，其特点是背景更新模型较简单。

由 Stauffer 和 Grimson[53]联合提出的混合高斯模型(Mixed of Gaussian，MoG)是一种经典的参数化建模方法，该方法为了适应背景的动态变化对每个像素使用多个高斯分布加权进行建模。MoG 使用混合高斯分布来描述图像中每个像素点的特征，通过对背景进行建模以及快速更新可以很好地适应背景的动态变化，通过计算像素的概率密度函数，判断该像素是否是前景目标。MoG 估计的是单个像素在时间序列上的分布，不适用于背景突变的情况。MoG 在室外场景的应用中也遇到一些问题，比如对运动缓慢且纹理相似、面积较大的物体检测时会出现空洞现象，主要是由于整幅图像是一个整体而忽略了图像中像素点的空间关联性，以至于图像受噪声的干扰比较明显。可以通过增加高斯分布的个数来改善检测的效果，但这样又产生了较为复杂的参数调整过程。

上述两种背景建模方法都各有优势，参数化的方式可以减少系统的开销，精简模型的描述在已知分布模型的情况下能达到较好的检测效果；而非参数模型不用指定潜在的分布模型，不需要对参数进行估计，但随着时间的推移需要建立适应多种场景的背景，将占用较大的存储开销。在复杂的计算机视觉应用中，往往存在大量的数据，数据之间相互联系且复杂多变，没有特定的规则形态，这时非参数的方法更能描述场景的变化，从时间和空间复杂度来看，参数化背景建模方法更占有优势。

2. 基于灰度、颜色和纹理的背景建模方法

基于灰度和颜色信息的特征选择是背景模型建立的关键，如前面介绍的 MoG 和 KDE。基于灰度和颜色信息的背景建模算法使用较多，一般能达到很好的检测效果，但是当运动目标和背景颜色相近时，较难检测出前景运动目标，这主要是因为有相似物干扰时，检测的目标和背景区分度会降低，产生误检。为了解决这种问题，Marko Heikkila 等[54]利用图像的纹理特征对背景进行建模，可以很好地解决相似背景的干扰。这种方法通过计算图像的局部二值化处理来描述背景，能减少局部光照变化产生的影响，但是它的检测精度不如 MoG。因此，更多的研究是将这种算法与其他的算法相结合。文献[55]中结合了像素的灰度和图像的边缘纹理信息，对背景进行建模，实现了特征的多种组合建模方式，很好地利用了不同特征背景建模的优势。

3. 基于像素和区域的背景建模方法

根据每个像素在时间序列上分布的不同来建立背景模型是基于像素的背景建模方法[56]；而基于图像区域的建模方法除了考虑像素本身的特征之外，还充分利用了相邻像素间的空间邻域关系，将背景图像分成众多相同的块，这些块之间或重叠或分离，并从各图像块中提取有效的特征对背景进行建模。在进行运动目标检测时，将图像背景中的区域方块作为整体性特征进行匹配，从而检测出运动目标块。基于像素的背景建模方法假设每个像素在时间序列上的特征值是相互独立的，主要关注自身的特征变化，容易受动态背景和图像噪声干扰。两种建模方法比较，基于图像局部区域的背景建模方法，在考虑图像的局部整体性时，加入了相关像素对区域的影响，这种方式在处理图像的局部突变和较强的背景干扰时效果较好，且能从图像块中提取比单个像素更丰富的特征，能够适应更多的环境变化，处理更多的复杂场景，但是不能得到精确的运动目标，其检测的效果还与所选的特征有关，并且在时间复杂度和空间复杂度上过多依赖所选择的特征块的大小。

随着计算机视觉以及视频分析技术的进一步发展，视频目标检测取得了很多的研究成果，且在实际应用中能解决部分难题。但是目前还没有被广泛认可的方法能很好地解决所有问题，各种方法都有自己的优势和不足。算法的准确性和鲁棒性越好，算法的实现就越复杂，实时性越差；相反，实时性较强的算法实现起来较简单，但是在抗干扰和背景突变方面能力较差，检测的准确性较低。因此，这些算法在准确性、鲁棒性以及实时性之间的权衡方面还有待细化研究。

1.4 遗留物检测现状

遗留物检测作为一个新兴的研究课题，其相关研究工作也逐步展开。Beynon[57]等人使用多个摄像机来确定物体的位置，经过场景分割、物体分类、3D跟踪等一系列的步骤来判断是否为遗留物。Chuan-Yu Cho[58]等人，则利用遗留物在场景中固定不变的特征，通过使用垂直扫描线不断扫描前景目标，如果物体与视频顶部的距离始终不变，则判为遗留物。Fatih Porikli[59]等人提出了双背景模型的方法检测遗留物或者违规停车，每个背景模型都由MoG组成，但是两个背景模型的更新速率不同，通过比较两个模型检测结果的差异，来确定遗留物。Roland Miezianko和Dragoljub Pokrajac等[60]提出一种在复杂场景下检测和识别遗留物的方法，该方法使用空时纹理特征检测运动目标块，利用支持向量机(Support Vector Machine，SVM)训练分类器对运动块进行分类来判断是否为遗留物。但是由于现实中的遗留物千差万别，该方法检测效果并不理想。文献[61]先使用MoG进行检测，再使用均值漂移(Mean Shift)进行跟踪，最后使用不变矩特征训练的分类器来判断是否存在遗留物。

总的来说，这些方法分为两大类：基于跟踪的方法[57][60]和基于检测的方法[62-63]。基于跟踪的方法受算法复杂度的限制，不适用于背景复杂、人流密集的场合；而基于检测的方法往往使用多层背景模型[64]，通过控制模型的更新速度来检测遗留物，并需要其他辅助算法来排除遗留物被人重新移动后产生的“鬼影”影响。

尽管遗留物检测研究已经取得了一些进展，但是还存在一些问题亟待解决，其中包括：遗留物长时间停留在场景下，进而使其融入背景模型；检测时间较长时若光照发生变化，会产生一定的误检；遗留物被人重新移动后产生“鬼影”现象等。

1.5 动态目标跟踪现状

由于现实监控环境的复杂性，光照变化、目标运动不规则、遮挡、相似物干扰以及各种人为和自然条件下的干扰都会影响目标检测跟踪的准确性、实时性和鲁棒性。因此，如何在各种复杂条件下完成对目标的有效检测跟踪是实现智能视频监控的关键。

动态目标跟踪技术[65]需要从被检测的场景中自动寻找到目标，然后根据要求来选择被跟踪目标，并通过跟踪算法定位目标的位置，对目标进行持续的跟踪。动态目标的检测是跟踪的前提，只有准确地检测出运动目标才能更好地完成后续的跟踪等智能分析。所以说动态目标跟踪是一座衔接目标检测和目标行为分析与理解判断的桥梁。图1.1为动态目标检测及跟踪示意图。

视频图像处理技术是视频序列中动态目标跟踪算法的基础，其根本目的是从视频图像

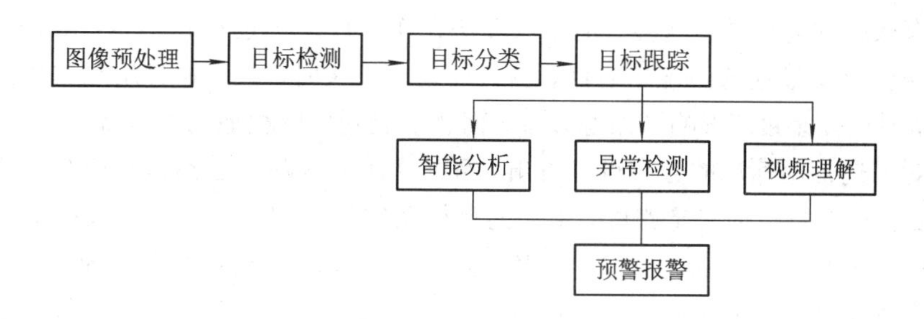

图 1.1　动态目标检测及跟踪示意图

的每一帧中捕获被跟踪目标的真实位置，并结合行为分析及目标识别准确定位目标。根据跟踪准则的不同可分为如下跟踪场景[66]：单个与多个摄像头；摄像头静止与运动；单个目标跟踪与多个目标同时跟踪；刚性跟踪与非刚性跟踪；可见光与红外跟踪等。本书研究重点是单个摄像头、运动背景相对固定、非刚性、可见光成像条件下的单个目标的跟踪算法。

目前目标跟踪算法分为两类：一类是基于多模式的目标跟踪方法；另一类是基于多特征的目标跟踪方法。

1. 基于多模式的目标跟踪方法

在复杂场景中使用单一方法对目标进行跟踪时经常出现一些问题，主要原因是：

(1) 跟踪过程是复杂多变的，而目标本身又是不断变化的，单一方法不可能处理所有情况；

(2) 很多算法的提出是在一定的条件下实现的，对算法的使用场景有一定的限制，对于不同的跟踪对象跟踪效果存在差异。常用的视频序列中目标跟踪算法主要有自上而下的跟踪过程和自下而上的过程。

在自上而下的方法中常见的是 Kalman 滤波法和粒子滤波法。Kalman 滤波法通过对目标位置参数预测估计，实时调整完善跟踪，具有计算量小等优点，但是面对非线性、非高斯问题时，就会失去跟踪的有效性。为了解决非线性系统带来的跟踪问题，学者们提出了一种扩展的 Kalman 滤波结合随机变量分布的算法来近似非线性，并称之为无味Kalman 滤波算法。但这种近似方式都会引入误差，从而使有效信息不能正确利用，导致跟踪误差增大。粒子滤波算法可以在非线性、非高斯的条件下完成目标的跟踪，是近年来研究的重点，在跟踪领域得到广泛应用。但是，粒子滤波的算法复杂、计算量大，在粒子经过多次的迭代后会出现严重的粒子退化现象，极大地影响了目标跟踪的持续性。后来的研究者提出了许多的改进算法来解决粒子退化问题。Gordon 等人[67]提出了重采样机制，成为粒子滤波中不可缺少的一步，可是这种机制会出现样本贫化等问题，解决该问题的有效方法是增加样本数，但是这样就会大大增加计算的复杂度。大量研究表明在环境较复杂情况下，粒子滤波比 Kalman 滤波的跟踪性能更优秀。

在自下而上的跟踪过程中，最常用的是 1975 年由 Fukunage 等人[68]提出的 Mean Shift 算法及其改进算法。Mean Shift 算法是一种无参估计方法。Comaniciu 等人[69]在图像分割和目标跟踪中使用的 Mean Shift 算法，没有对目标模板进行必要的更新，而且选择的是固定不变的核函数窗宽，不适用于目标有尺度变化的情况。经过研究者近几年的不断努力，均值平移算法有了较快的发展，这主要是由于 Mean Shift 算法具有优良稳定的特性、较好的实时性、计算量小、易于实现和集成、对环境的变化和目标的形变不敏感以及对复杂环境具有较强的适应性等优点。但是该算法在实际应用中也存在不足，Mean Shift 是通过不断地迭代寻找最佳的匹配中心的，当目标运动较快时，只能通过增加迭代次数寻找目标，加大了时间复杂度，影响了跟踪效果，而且易受到周围相似物的干扰。

通过对上述常用算法的分析可以看出，目前常用的跟踪算法都是基于某种特定的假设提出的，要实现对目标的稳定跟踪，单一的目标跟踪算法略显不足，所以很多研究者就采用多模式的方式来实现跟踪。一方面，多模式可以克服单一模型中的不足；另一方面，多种模式的合理结合也有效地提高了跟踪的可靠性和鲁棒性。在合理结合的过程中也产生了许多新的思想，为跟踪技术的进一步发展提供了良好的基础。文献[70]将广泛使用的 Mean Shift 和粒子滤波结合，该算法对目标分别采用 Mean Shift 和粒子滤波进行跟踪，以此得到目标位置候选值，并利用加权混合参考函数来判断当前目标的准确位置。结合 Mean Shift 和粒子滤波在目标跟踪中的各自优势，可以有效地解决跟踪中经常遇到的遮挡、扭曲以及旋转等情况，提高跟踪精度，增强了抗干扰的能力。多模式融合中基于 Kalman 滤波和 Mean Shift 的方法较多，这种方式既克服了原有算法的不足，又易于实现，极大地提高了跟踪性能。但是这种融合并非简单的算法叠加，而是通过某种机制完成算法的提升。在采用多模式时，不是模式越多越好，模式越多越会增加算法实现的复杂度和计算量，需要在实现融合的过程中综合考虑可靠性和实时性。

2. 基于多特征的目标跟踪方法

在基于特征的目标跟踪方法中，由于单个特征空间，在面对复杂环境时不能很好地解决特征相似目标的干扰、光照的变化、特征的突变等问题。在目标跟踪过程中需要对目标进行尽可能多的描述，如何对跟踪对象有效的描述也是跟踪成功的关键。显然，单个特征在跟踪时无法提供完整的信息，需要将单个特征拓展到多特征空间。基于多特征融合的目标跟踪也是近年来使用较多的方式，这些特征除了常见的颜色、灰度外，还有纹理、梯度、边缘以及形状等。使用多特征跟踪可以在一种特征失效时，选择另一种特征继续跟踪。通过在多特征中选择区分度较高的特征集合，可降低算法复杂度，实现目标的持续跟踪。文献[71]为了解决相似特征的干扰，利用构建目标与背景图像特征分布方差的比值函数来衡量目标与背景之间的区分度，并采用各类特征的区分度对特征集进行线性加权，依据各区分度来进行特征的选择，使其相互补充，该算法能有效地对复杂背景下的运动目标进行跟踪。基于多特征的跟踪在特征的选择上并非想象的越多越好，过多的特征可能会降低跟踪的时效性，在不同的场景中，选择最能表示目标的特征作为主要特征，一般场景中选择 2 到 3 个特征就能达到很好的效果，继续增加特征数量的效果提升并不明显。

1.6 本书研究内容与技术路线

1.6.1 研究内容

本书针对现实场景中视频图像受噪声干扰大、应用环境复杂以及动态目标智能化安全检测等问题展开研究。主要研究内容如下：

(1) 对相关方法进行了现状分析。

（2）视频图像的增强。一方面希望提高图像边缘的纹理信息；另一方面又要削减图像的噪声分量。实际上，在除去噪声的同时会削弱图像的边缘信息，增强图像边缘信息的同时也会使一部分噪声得到增强。本书研究相似度和模糊熵判别准则，针对图像不清晰的普遍性问题，利用特征分形维数对比度变换算法合理提取图像信息。为了获得适量而且确切的图像信息，需要对图像通过边缘检测来进行图像分割。本书提出基于小波和 Canny 算法融合的边缘检测算法，使得图像轮廓特征纹理更为清晰。

（3）视频图像的特征点提取及配准。为了解决经典算法配准产生的误匹配点多的问题，本书提出一种基于相关法的欧氏距离配准算法。该算法通过利用不同特征点自身信息，在 Harris 算法基础上分别对灰度信息使用梯度相关法，对 SIFT 算法描述子信息使用描述子相关法，并结合特征点间的欧氏距离关系来精确匹配，实验结果表明该方法降低了误匹配的点数。

（4）动态目标的检测。为了解决前景目标检测过程中缓慢和局部运动的问题，本书通过提取运动目标的空间整体信息，提出在处理复杂背景环境时充分利用目标的空间信息，对聚类信息进行有效地描述，实现对视频目标的完整、准确检测，减少运动信息不足时的目标误检率。针对三原色红、绿、蓝（RGB）空间下的码书模型（Code Book Modle，CBM）的不足，本书引入色调、饱和度、亮度（Hue，Saturation，Value，HSV）空间下的 CBM，并构建每个像素点的加权平均背景，利用该背景结合阴影检测算法，去除了前景检测中阴影的干扰。

（5）遗留物的检测。讨论 MoG 和 CBM 在遗留物检测方面存在的不足，介绍了基于双层背景模型的遗留物检测算法。并通过研究遗留物像素点的灰度分布值，提出通过计算每个不属于背景模型的像素点与其之前若干帧组成的历史像素集中的像素值的匹配程度，来判定该像素点是否稳定，是否为遗留物。

（6）动态目标的跟踪。为解决多特征描述进行匹配跟踪的问题，本书基于 Mean Shift 算法理论，在多特征融合跟踪基础上，提出多准则判定的多特征自适应匹配算法。多特征自适应匹配算法可以在复杂条件下更好地对目标进行描述，实现了特征集合之间准确的匹配跟踪。选择多种判定准则，实现了基于多种途径的特征匹配，并结合 Kalman 滤波算法，实现了对目标的稳定准确跟踪。针对离散场景下的运动目标跟踪问题，本书提出了将帧差法、SIFT 与 CBWH 算法融合的跟踪算法，并且详述了该算法的跟踪过程与步骤，实验结果表明，本书算法能够在离散场景中较好的找到同一目标。

（7）基于三频彩色条纹投影轮廓术的微变监测。其采用彩色条纹投影与立体视觉融合的三维传感方法，以实时测量动态复杂物体为目标。该技术首先利用 BEMD 的自适应条纹分析技术解决三频彩色条纹的颜色解耦难题；其次，利用傅立叶变换实现变精度全场包裹相位展开，三频变精度得到高精度绝对相位；最后，通过标定系统，恢复物体高程信息，完善立体监测。

（8）附录中梳理了包括视频的采集、压缩等相关程序，可供参考。

1.6.2 技术路线

图 1.2 为本书研究的动态目标视频监测整体框架，其核心步骤包括通过图像增强获得纹理清晰的视频图像，通过边缘提取及特征点配准获得精确匹配，对图像中的运动目标进

行检测并去除阴影干扰，在此基础上对感兴趣的运动目标进行跟踪以及对兴趣区域的可疑物进行遗留物检测。因此，本书针对图像增强、特征点提取及配准、运动目标检测、遗留物检测以及运动目标跟踪等关键技术展开研究，为视频监测的智能化、无人值守化的实现提供了可行方案。

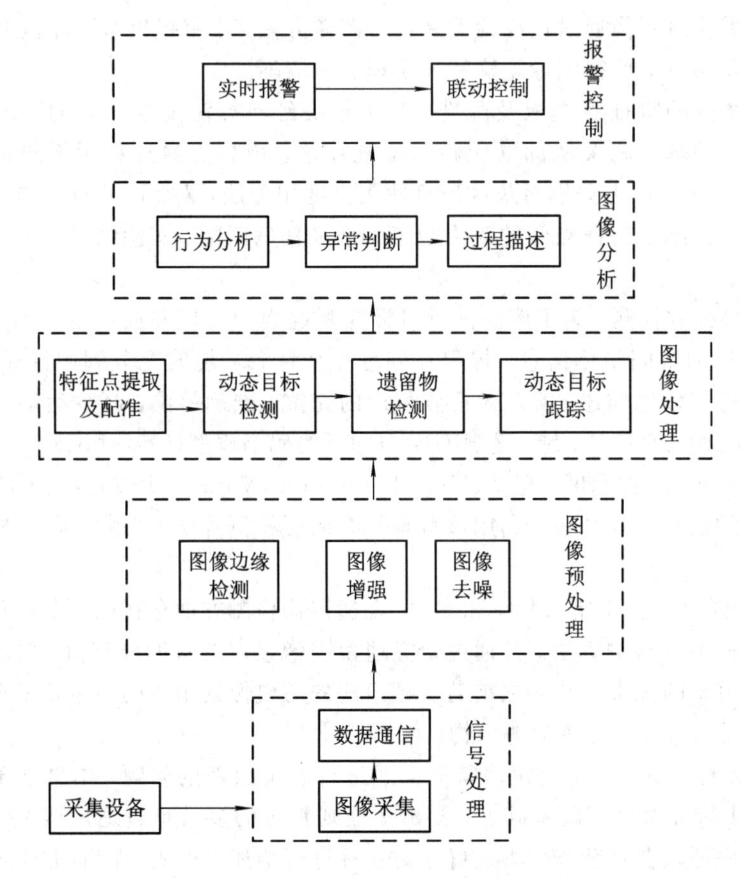

图 1.2　动态目标视频监测整体框架结构

第 2 章　视频图像的增强

由于现实环境特殊性，采集到的视频图像受遮挡以及照度不均的干扰。导致视频监控图像质量有不同程度的下降，不利于后续的动态目标检测、遗留物检测和跟踪等智能算法的展开，进一步影响最终的联动报警机制。因此，研究图像增强处理技术具有重要的价值，是智能化图像处理应用的关键环节。

图像的区域分形维数特征值能反映一个区域纹理结构的特性，而模糊熵描述了一个区域内的模糊性程度。近几年提出的关于模糊熵相似度测量相关文献较多，其中文献[1]和[2]均采用模糊熵判定分形维数并结合相似度测量达到改善灰度图像对比度的目的。文献[1]提出一种改进的中心像素隶属度关系式，并提出对比度变换因子计算公式，计算得到合理实验结果。文献[2]提出从邻域大小、对比度变换因子系数计算等方面来提高灰度图的对比度改善图像质量。本章在研究文献的基础上，首先从模糊熵判定准则提取合理分形维数入手，然后将合理提取的分形维数引入到相似性测量式中来调整灰度图像对比度。分析了基于模糊熵判别准则合理提取分形维数的相似度增强算法，该算法考虑增强过程中的多参数性在相似度测量理论上的应用。针对拍摄环境噪声等因素对特征边缘的影响，提出一种改进的 Canny 图像边缘检测算法，该算法引入小波变换提取灰度图像的高低频分量，以此来获得更多的边缘信息完善特征轮廓。

2.1　图像增强

2.1.1　灰度直方图统计方法

图像按照亮度的等级进行分类，包括二值图像(只包含白和黑两个亮度等级)和灰度图像(多种黑色和白色的亮度等级)两种。图像亮度的函数表示为

$$I = f(x,\ y) \tag{2.1}$$

I 表示光线的反射、透射、辐射的能量，在计算机中表示目标图像的亮度等级。I 作为图像的亮度函数，它的取值应该是正值、有界的，即：$0<I<I_{max}$。I_{max} 表示 I 的最大值，$I=0$ 表示为纯黑色。

人们从目标图像上获得的图像一般是由反射光组成的，我们可以把原图像 $f(x,\ y)$ 看作由两个分量构成：照射到目标物体上的光线和目标物体自身反射出来的光线，可以把它们看做光线的照度部分 $i(x,\ y)$ 和反射成分 $r(x,\ y)$。I 的大小应该与照度以及反射成分都成正比，它们的关系式为

$$f(x,\ y) = i(x,\ y) \times r(x,\ y) \tag{2.2}$$

把二维坐标函数 $f(x,\ y)$ 称为灰度。物体表面接受的光线能量总是有限的，而且它们

总是为正，即 $0<i(x, y)<\infty$，当反射系数为 0 时，则光被物体全部吸收，反射系数为 1 时，则光线被物体全部反射，反射系数介于全吸收和全反射之间，即 $0<i(x, y)<1$，从而图像的灰度值也应该是非负且有界的[72]。

灰度直方图是对数字图像信息有效、简明的表示方法。灰度直方图是指数字图像上的每个灰度级以及该灰度等级出现的频率次数，为灰度级在统计学上的体现。通常，直方图的横坐标表示图像的灰度等级，纵坐标表示图像上该灰度级出现的频率次数。通过灰度直方图的定义可以知道，灰度直方图体现了在图像中某一个灰度级上所具有的像素个数和像素在该灰度级上出现的频率，

$$P(r_k) = \frac{n_k}{N} \tag{2.3}$$

式中，N 表示一幅图像总的像素个数，r_k 表示第 k 级灰度，n_k 表示第 k 级灰度级上的像素个数，$P(r_k)$则反映了在这一灰度级上像素出现的相对频率。

如图 2.1 所示，横坐标为该图像每个像素的灰度等级，纵坐标为在这一灰度级上像素点出现的频数(其灰度等级上像素的个数)。

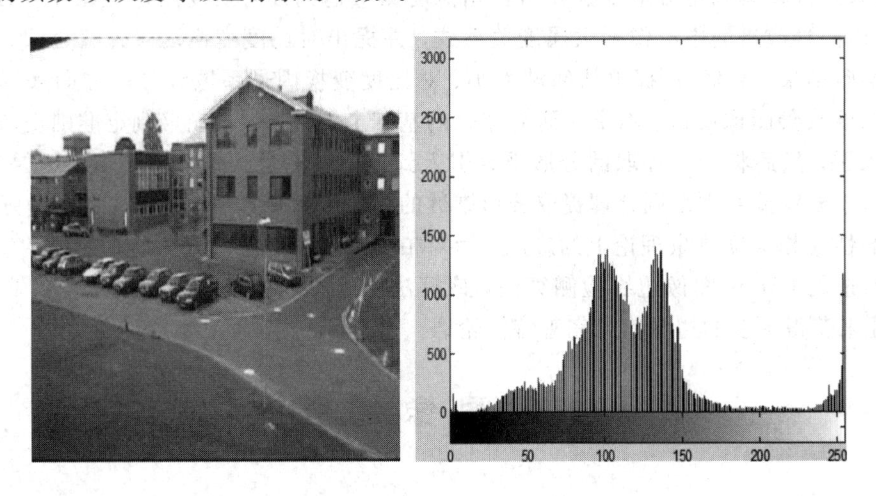

图 2.1　灰度图像及其直方图

2.1.2　图像空域增强

空域增强是指对其所在的二维空间图像的像素值进行增强处理。常见的方法有：对比度变换、直方图均衡化[73-75]、融合模糊集理论的增强[76]以及基于小波变换的增强[77]等。

1. 灰度变换增强

通过灰度变换可以拓展图像的对比度。图像在视觉上更加直观，特征值更易于识别，这是对像素点进行处理的方法。输入图像每个像素(x, y)的灰度值 $g(x, y)$，通过映射函数 $T(\cdot)$处理，映射后输出图像有灰度值

$$g(x, y) = T[f(x, y)] \tag{2.4}$$

常用的灰度变换函数包括：线性灰度变换、分段线性灰度变换、非线性变换，具体变换方法如下。

(1) 线性灰度变换。

初始图像像素的灰度范围为$[f_{\min}, f_{\max}]$，经过图像处理系统后图像的像素灰度范围为$[g_{\min}, g_{\max}]$，映射后的灰度值为

$$g(x, y)=\frac{f(x, y)-f_{\min}}{f_{\max}-f_{\min}}(g_{\max}-g_{\min})+g_{\min} \tag{2.5}$$

一般要求$g_{\min}<f_{\min}$，$g_{\max}<f_{\max}$。

对于8位灰度图像，则有

$$g(x, y)=\frac{f(x, y)-f_{\min}}{f_{\max}-f_{\min}}\times 255 \tag{2.6}$$

(2) 分段线性灰度变换。

在实际应用中，为了获得不同区域特性，常常要对图像的某一部分进行灰度变换，也可以对不同灰度范围的像素点通过不同的线性函数进行处理，以此得到处理后的新图像。其变换公式为

$$g(x,y)=\begin{cases}\dfrac{a'}{a}\cdot f(x,y), & 0\leqslant f(x,y)\leqslant a\\ \dfrac{b'-a'}{b-a}\cdot(f(x, y)-a)+a', & a\leqslant f(x, y)\leqslant b\\ \dfrac{M'-a'}{M-a}\cdot(f(x, y)-b)+b', & b\leqslant f(x, y)\leqslant M\end{cases} \tag{2.7}$$

(3) 非线性变换。

最常见的非线性变换方式有对数和指数扩展。

对数扩展：取自然对数做变换，即

$$g(x, y)=C\cdot\ln[f(x, y)+1] \tag{2.8}$$

式中，$[f(x, y)+1]$是为了防止实际处理时对零取对数，C表示尺度系数，用来调节动态范围。

指数扩展：通常也需要加入一些参数进行调节，即

$$g(x, y)=b^{c[f(x, y)-a]}-1 \tag{2.9}$$

式中，参数a为调整曲线的起始位置，参数c为调整曲线的变化速率。

2. 直方图变换增强

直方图均衡化：使图像的灰度等级分布比较均匀，修正后可以直接改变原灰度图像整体偏暗或偏亮的不利因素。

设一幅图像的所有像素个数为n，n_k为第k级灰度值的像素的数目，r_k表示第k个灰度级，$\Pr(r_k)$表示在该灰度级上的相对频率，则有

$$\Pr(r_k)=\frac{n_k}{n},\quad 0\leqslant r_k\leqslant 1,\ k=0, 1, \cdots, l-1 \tag{2.10}$$

变换函数$T(r)$可以修改为

$$s_k=T(r_k)=\sum_{j=0}^{k}P_r(r_j)=\sum_{j=0}^{k}\frac{n_j}{n},\quad 0\leqslant r_k\leqslant 1,\ k=0, 1, \cdots, l-1 \tag{2.11}$$

式(2.11)表明可以直接由原图像获得均衡后的像素值。

3. 直方图规定化

直方图均衡可以产生亮度分布较为均匀的图像。在实际的应用中可将原图像转化为具

有特殊指定分布的灰度直方图像，即直方图规定化图像处理。

2.1.3 二维频域增强的依据

二维傅立叶变换：对二维连续可积函数 $f(x, y)$，有

$$F(u, v) = \int_{-\infty}^{\infty}\int_{-\infty}^{\infty} f(x, y)\exp[-j2\pi(ux+vy)]\mathrm{d}x\mathrm{d}y$$

$$f(x, y) = \int_{-\infty}^{\infty}\int_{-\infty}^{\infty} F(u, v)\exp[j2\pi(ux+vy)]\mathrm{d}x\,\mathrm{d}y \tag{2.12}$$

它对应的幅度谱和相位谱为

$$|F(u, v)| = \sqrt{R^2(u, v)+I^2(u, v)}$$

$$\Phi(u, v) = \arctan\frac{I(u, v)}{R(u, v)} \tag{2.13}$$

二维离散傅立叶变换：对 M 行 N 列二维离散函数 $f(x, y)$，有

$$F(u, v) = \sum_{x=0}^{M-1}\sum_{y=0}^{N-1} f(x, y)\exp[-(j2\pi ux/M+vy/N)]$$

$$f(x, y) = \frac{1}{MN}\sum_{u=0}^{M-1}\sum_{v=0}^{N-1} F(u, v)\exp[j2\pi ux/M+vy/N] \tag{2.14}$$

频域滤波图像增强：若原图像 $f(x, y)$ 通过傅立叶变换得到 $F(u, v)$，则选择合适的滤波器函数 $H(u, v)$ 对 $F(u, v)$ 的频谱成分进行处理，并通过傅立叶逆变换得到新图像 $g(x, y)$，即

$$f(x, y)\xrightarrow{\text{DFT}}F(u, v)\xrightarrow{H(u, v)}G(u, v)\xrightarrow{\text{IDFT}}g(x, y) \tag{2.15}$$

2.1.4 图像锐化的处理过程

图像锐化常用来提取图像的边缘纹理信息，而边缘纹理信息又是灰度值变化较大的地方。通常使用锐化模板来对图像进行锐化，但同时也会放大噪声。对于一幅图像函数 $f(x, y)$ 分别在 (x, y) 处有梯度算子，即

$$G[f(x, y)] = \left[\left(\frac{\partial f}{\partial x}\right)^2+\left(\frac{\partial f}{\partial y}\right)^2\right]^{\frac{1}{2}},\quad \phi(x, y) = \arctan\frac{\left(\frac{\partial f}{\partial x}\right)}{\left(\frac{\partial f}{\partial y}\right)} \tag{2.16}$$

灰度最大变化率方向则是梯度方向，其反映的是图像边缘上的灰度变化情况。

若使用一阶差分代替一阶微分，即

$$\frac{\partial f}{\partial y} = f(i, j+1)-f(i, j)$$

$$\frac{\partial f}{\partial x} = f(i, j)-f(i+1, j) \tag{2.17}$$

则梯度的平方和运算可用两个分量近似表示为

$$G(i, j) \approx \left[\left(\frac{\partial f}{\partial x}\right)^2+\left(\frac{\partial f}{\partial y}\right)^2\right]^{\frac{1}{2}} \approx \left|\frac{\partial f}{\partial x}\right|+\left|\frac{\partial f}{\partial y}\right| \tag{2.18}$$

2.2 图像增强的特征值提取

进行图像增强首先要从图像中提取特征值，并对图像进行标识处理，所以如何从一幅图像中提取特征值以及如何计算图像之间的相似度是本节研究的要点。

2.2.1 梯度测度

在向量的微积分领域里，对标量取梯度就可以得到一个向量场。在标量场中，梯度的方向就是这个标量场变化最快的方向，梯度的大小表示这个标量场最大的变化程度。进一步说，从欧氏空间 $\mathbf{R}_n$ 到欧氏空间 $\mathbf{R}$ 的梯度就是某个点在 $\mathbf{R}_n$ 上的最佳线性近似。也可以认为，梯度就是雅可比矩阵的一种特殊情况。图像中心像素的梯度包含有水平方向的梯度与垂直方向的梯度，即

$$T_1(i,\ j)=f(i+1,\ j)-f(i,\ j) \tag{2.19}$$

$$T_2(i,\ j)=f(i,\ j+1)-f(i,\ j) \tag{2.20}$$

$$T(i,\ j)=\sqrt{T_1^2(i,\ j)+T_2^2(i,\ j)} \tag{2.21}$$

式中，T_1表示水平方向上的梯度，T_2表示垂直方向上的梯度，可以取水平方向梯度和垂直方向梯度平方和作为梯度 T 的参考量。

2.2.2 标准差测量

标准差描述的是一个像素点和它周围像素点之间相互差别的程度，可以反映出区域的对比度。在概率统计领域，标准差常被用作测量统计的分布程度。在数学定义上标准差是统计方差的平方根，它能反映出集合内的离散程度。本章研究考虑样本总体和样本子集上的标准差。将皮尔森引入标准差到统计里面，则有

$$\sigma=\sqrt{\frac{1}{N}\sum_{i=1}^{N}(x_i-u)^2} \tag{2.22}$$

在标准差的计算过程中需要引入图像局域化处理，这就需要将图像边界加 0 处理，以得到边缘的标准差。本章设计将图像邻域化为 $N\times N$ 的模板，先计算一个模板的标准差，然后遍历整幅图像就得到整幅图像的每个像素点的标准差。

2.2.3 峰度分布测量

峰度分布是用来反映统计区域分布顶部突起或者平缓程度的属性指标，在统计学上一般采用四阶中心距来衡量峰度系数。根据研究表明，偶数阶的中心距和图形的峰度系数有关。所谓的二阶中心距是指方差的统计，在一定程度上能反映图像的峰态分布。不过有时信息数据方差相同，峰度系数却不相同。针对此问题可使用四阶中心矩来描述峰态系数的分布。

在实际中使用四阶中心距以及方差的平方来衡量峰度的分布情况，称为峰度系数，其公式为

$$\text{Kurtosis} = \frac{\sum_{i=1}^{N}(Y_i - \overline{Y})^4}{(N-1)s^4} \tag{2.23}$$

2.2.4 熵值提取

熵函数反映的是一组统计量中心像素和邻域内的各像素混乱的程度。在图像熵值的计算过程中，需要已知邻域内各个像素在该邻域所占的概率。中心邻域的熵值为

$$H_{ij} = -\frac{1}{2\log d}\sum_{k=1}^{L} P_k \log P_k \tag{2.24}$$

式中，d 表示邻域的大小。在计算熵值时需将图像邻域化，边缘加 0 拓展。选择 $N \times N$ 的邻域模板，计算其熵值并遍历整幅图像，将其复制给一个二维矩阵，就可以获得中心像素在该邻域下的熵值。

2.2.5 分形维数提取方法分析

1. 分形维数理论

分形理论(Fractal Theory)是美国数学家曼德勃罗特(B. B. Mandelbrot)首先提出的。Mandelbrot 在 1967 年发表的题为《How Long Is the Coast of Britain? Statistical Self-Similarity and Fractional Dimension》的论文被刊登在《科学》杂志上。

在数学上，分形研究的对象一般是那些不规则或是不平滑的集合，其特征如下[78-79]：

(1) 分形是简单空间内部的复杂几何体；

(2) 分形在微小尺度情况下仍然有精细的纹理结构；

(3) 分形集合在形态学上可以表现为具有自相似性。这种自相似性可以是模糊的或者是严密的，而且还有级别与层次上的区别。

分形理论的一个重要分支是迭代函数系统(Iterated Function System，IFS)。迭代函数系统把图像分解成和整体图像具有相似特征的小块，然后再由这些小块组合成新的图像。首先，通过自相似变换得到与原图相似的小块；其次，利用仿射变换可以得到经过某种变换后与原图相似的图像；最后，通过找出分形图像的 IFS 变换码就可得到分形图像。

Mandelbrot 制作出了曼德勃罗特集的第一张图，其迭代公式为

$$Z_{n+1} = Z_n^2 + C, \quad (n = 0, 1, 2, \cdots) \tag{2.25}$$

式中，Z 和 C 都是复数平面上的点。令 Z_0 为定值，把任意不同值的复数 C 带入式(2.25)进行迭代，就会得到 Z_1，Z_2，Z_3，…序列，每一不同的初始值 C 对应于不同序列值 Z_n。

2. 分形维数表示图像纹理特征的优点

(1) 分形维数和人眼的感知性能接近，是衡量物体表面不规则度的数据量。图像的分形维数越大，图像表面的纹理结构就越复杂，越粗糙。相反的，如果分形维数越小，图像表面就越光滑；

(2) 分形维数有尺度不变性、旋转不变性和抗噪性等优势。通过实验可以知道，分形维数在[0.7，1.3]的范围内具有尺度不变性。旋转角度在 10^0 以内，具有旋转不变性。图像分形维数与它周围噪声的强弱有关。

3. 分形维数存在的问题

(1) 分形维数反映的是图像纹理的粗糙程度。因此，分形维数不足以进行细节的描述和边缘轮廓的分割，在细节与轮廓的处理上误差较大；

(2) 分形维数没有考虑到图像基本单元的方向性，只考虑图像的尺度特性。

4. 图像分形维数的提取

本章计算分形维数使用盒子维方法，其计算公式为

$$fd_{ij} = \lim_{\delta \to 0^+} \frac{\log N_\delta(D)}{-\log\delta} = \lim_{\delta \to 0^+} \frac{\log \sum_{i=1}^{M} F(D_i^\delta)}{-\log\delta} \tag{2.26}$$

式中，D 为图像局部区域，δ 为定义的不同离散尺寸长度，这时可将 D 分割为许多个底面积为 δ^2 的立方体小盒子。D_i^δ 是第 i 个区域底面积为 δ^2 的立方体小盒子。M 是 D_i^δ 的总数目。$F(D_i^\delta)$ 为在 D_i^δ 里体积为 δ^3 的盒子的个数。$N_\delta(F)$ 是覆盖区域为 D 的 D_i^δ 的总个数。

在实际应用中，如果选取一系列不同的 δ 值，则可获得一组采样数据 $-(\log(\delta), \log N_\delta(F))$，然后通过最小二乘法获得分形维数值 fd_{ij}。所以，能否实现图像分形维特征量的正确提取关键在于 $F(D_i^\delta)$ 的计算。

定义：以像素为中心的分形维数对于区域 D 的隶属程度就是该像素点的局部模糊分形维数。实际上，对于灰度图像的 256 级，子区域 D_i^δ 内像素点最大灰度值与 255 的比值被定义为 $F(D_i^\delta)$，即

$$F(D_i^\delta) = \Big(\bigvee_{p \in D_i^\delta} G(p)\Big)/255 \tag{2.27}$$

局部模糊分形维数(Local Fuzzy Fractal Dimension，LFFD)反映的是图像的纹理信息，并且对噪声有较好的抑制作用。但如果边缘点像素值与噪声强度近似相等时，则导致噪声像素点邻域的非噪声像素和噪声像素的 LFFD 相近，使噪声得到更大增益，难以达到预计的图像增强效果。

2.2.6 模糊熵与分形维的关系

由于上节提到分形维数提取过程的局限性，本节通过研究模糊熵判定准则来提高分形维数提取的合理性。

1. 模糊熵理论

模糊集合熵是概率和统计学里面比较重要的概念。集合里面分为清晰集和模糊集，清晰集就是明确了一个集合里面是否包含有元素，集合的界限清晰明确。模糊集是自然界里普遍存在的，比如“小马过河”这个典故，由于过与不过之间加以区别的界限和对象并不明确，所以不能直接得出能过与不能过的结论。

熵是用来度量一个系统或一件随机事件不确定性的程度。在数学上，定义信息熵 $H(s)$ 为一个随机事件中事件 x_i 的自信息 $I(x_i)$ 的期望值，模糊熵从某个角度测量一个集合的模糊程度。其性质如下：

(1) 明确集的模糊熵应等于零；

(2) 概率为(0.5，0.5)的模糊集合隶属性最难确认，模糊性最大；

(3) 如果有 $A(u)-0.5=A_c(u)-0.5$，则 A 与 A_c 的模糊程度是相同的；

(4) 模糊集 A 的模糊性通常是单调的，即事件 A 的概率越接近 0.5，则事件 A 的模糊性就越大；事件 A 的概率越不近似于 0.5，则事件 A 的模糊性就越小。

2. 模糊熵判别准则

为了判定图像上模糊集合的模糊性，可以定义**模糊熵测度**为

$$E_m(D_i^\delta)=\frac{1}{\delta^2}\sum_{i=1}^{\delta}\sum_{j=1}^{\delta}H_m(\mu_m(i,\ j)) \tag{2.28}$$

为了避免噪声点的影响，采取以下判别准则：

(1) 选取邻域 D_i^δ 的模糊熵大小 $E_m(D_i^\delta)$ 为判决阈值；

(2) 当 $H_m(D_i^\delta)(E_m<D_i^\delta)$ 时，选择子区域 D_i^δ 中的像素；反之，则认为是信号受到噪声干扰。

如图 2.2、图 2.3 所示，对含有噪声的矿井支护图像采用基于模糊熵准则判断处理，可以去除非信息因素。本章首先对被认定为噪声的信息点采用邻域平均法进行判断，其次将判断后的像素信息转化为灰度信息。

图 2.2　含有噪声的矿井支护图像

图 2.3　文献[1]模糊熵处理效果图

对于灰度图像，使用的模糊熵公式如文献[1]所示：

$$H_m(D_i^\delta)=-(\mu_m(x(i,\ j)))\log_2(\mu_m(x(i,\ j)))-(1-\mu_m(x(i,\ j)))\log_2(1-\mu_m(x(i,\ j))) \tag{2.29}$$

式中，$x(i, j)$表示位于D_i^{δ}中的像素，$\mu_m(x(i, j))$表示$x(i, j)$对于区域D中心像素m的隶属程度。

$\mu_m(x(i, j))$定义为

$$\mu_m(x(i, j)) = \frac{1}{1+(x(i, j)-m)^2} \tag{2.30}$$

在文献[80]的提示下，发现文献[1]对$\mu_m(x(i, j))$分量的定义存在讨论余地。

当$x(i, j)=m$时，根据模糊熵定义$H=0$；当$x(i, j)=m+1$时，$\mu_m=1/2$，模糊熵为$H=1$；当$x(i, j)$与m相差比较远时，μ_m的数值会比较小，对应的模糊熵H也比较小。

为了能正确得到图像处理效果，本书参考文献[80]给出表示区域D中心像素m的隶属程度公式如下：

$$\mu_m(x(i, j)) = \frac{1}{1+|x(i, j)-m|/C} \tag{2.31}$$

式中，C为常数，可以保证$\mu_m(x(i, j))$的取值范围在0.5到1之间。如果一个像素和它周围邻域特征值相差越小，则这个像素的隶属程度会越大；反过来，隶属程度会越小。修正模糊熵后的效果图如图2.4所示。这时模糊熵随着像素$x(i, j)$的变化曲线如图2.5所示。

图 2.4　修正模糊熵后的效果图

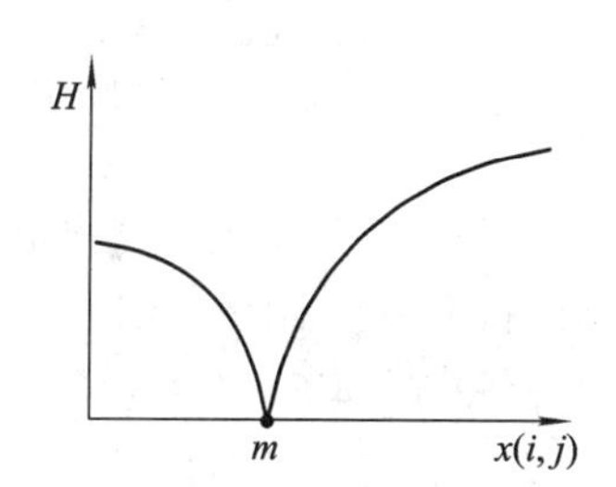

图 2.5　修正的模糊熵随像素$x(i, j)$的变化曲线图

从图2.3和图2.4的仿真实验效果可见，由修正后的模糊熵隶属程度关系式得到的效果更为理想，分析原因得出修正后的式(2.31)可将其隶属程度控制在0.5至1之间。

2.2.7　相似度测量分析

相似度反映的是整幅图像每个区域中心像素点和邻域中心像素点的相似程度，并通过相似度阈值来判断该像素点是否为噪声点，根据上述小节提供的参考量就可计算图像的中心像素相似度的参考量HO。

若一幅图像大小是$N\times N$，像素点(i, j)上的灰度值是$g(i, j)$，以(i, j)点为中心像素的邻域窗口大小是$(d\times d)$，依照文献[1]给出相似度测量HO_{ij}公式：

$$\mathrm{HO}_{ij} = \left(1-\frac{e_{ij}}{\max\{e_{ij}\}}\right)\times\left(1-\frac{v_{ij}}{\max\{v_{ij}\}}\right)\times\left(1-\frac{h_{ij}}{\max\{h_{ij}\}}\right)\times\left(1-\frac{\gamma_{ij}}{\max\{\gamma_{ij}\}}\right) \tag{2.32}$$

式中，e_{ij}、v_{ij}、h_{ij}、γ_{ij}分别表示$d\times d$邻域内每个像素点(i, j)的梯度、标准差、熵、峰态分布，$\max\{e_{ij}\}$、$\max\{v_{ij}\}$、$\max\{h_{ij}\}$、$\max\{\gamma_{ij}\}$分别表示与梯度、标准差、熵、峰态分布对应的最大值。

从图 2.6 得到，传统相似度测量算法增强效果并不明显。为了解决上述问题，并抑制提取边缘纹理时噪声的影响。引入 LFFD 特征量，对相似度测量公式重新定义：

$$\begin{aligned}\mathrm{HO}_{ij} = &\left(1-\frac{e_{ij}}{\max\{e_{ij}\}}\right)\times\left(1-\frac{v_{ij}}{\max\{v_{ij}\}}\right)\times\left(1-\frac{h_{ij}}{\max\{h_{ij}\}}\right)\\ &\times\left(1-\frac{\gamma_{ij}}{\max\{\gamma_{ij}\}}\right)\times\left(1-\frac{fd_{ij}}{1-\max\{fd_{ij}\}}\right)\end{aligned} \tag{2.33}$$

式中，fd_{ij}表示在其所属邻域内的分形维数，$\max\{fd_{ij}\}$表示分形维数的最大值。

(a) 煤矿巷道支护原灰度图

(b) 相似度增强图

图 2.6　传统相似度测量算法增强图

图 2.7 是不同邻域取值对相似性测度的影响，图 2.7(a)是邻域取值为 3×3 的增强效果图，图中原图像的细节纹理保存较好；(b)图是邻域取值 21×21 增强图，虽然图像明暗对比较好，但原图本身的细节保存效果不佳。分析得出邻域取值决定着梯度、标准差、熵、峰态分布对应的最大值，是局部与全局参数量化的过程。通过研究文献发现邻域取值在 3×3 时效果相对较好，增强后的平滑图像易于观察，而且邻域取值过大也会引起计算复杂度过大等问题。

(a) 邻域取值3×3增强图

(b) 邻域取值21×21增强图

图 2.7　不同邻域取值矿井支护增强效果图

2.3 基于模糊熵判别准则合理提取 LFFD 的相似度增强算法

通过对上节分析得出，图像增强的效果受相似度测量准则和分形维数邻域取值因素的影响。本书结合模糊熵判别准则引入 LFFD 计算公式，取合理邻域大小并结合相似度测量算法进行图像增强。

1. 增强与衰减系数的提出

参考文献[1]计算隶属程度的方法如下：

$$F(D_i^{\delta}) = \bigvee_{x(i,\ j) \in D_i^{\delta} \,||\, x(i,\ j) \in H_m(D_i^{\delta})} \frac{\max\{g_{ij}'\} - \min\{g_{ij}'\}}{\max} \tag{2.34}$$

式中，$\max\{g_{ij}'\}$和$\min\{g_{ij}'\}$分别对应合理选取的子区域 D_i^{δ} 内最大灰度值和最小灰度值。把式(2.34)代入式(2.26)就可计算 LFFD。

2. 算法步骤

步骤 1：将式(2.34)代入式(2.26)计算像素点的 LFFD 特征量 fd_{ij}；

步骤 2：计算图像内每个像素点$(i,\ j)$的梯度 e_{ij}、标准差 v_{ij}、熵 h_{ij}、峰态分布 γ_{ij}；

步骤 3：根据式(2.33)计算邻域$(d\times d)$相似度测量 HO_{ij}；

步骤 4：估计待处理邻域$(d\times d)$像素点$(i,\ j)$的非均匀性特征值 φ_{ij} 和平均非均匀性灰度值δ_{ij}，式中 φ_{ij}、δ_{ij} 的计算公式如下：

$$\varphi_{ij} = 1 - \frac{\mathrm{HO}_{ij}}{\max\{\mathrm{HO}_{ij}\}} \tag{2.35}$$

$$\delta_{ij} = \frac{\sum\limits_{i-(d-1)/2}^{i+(d-1)/2} \sum\limits_{j-(d-1)/2}^{j+(d-1)/2} (g_{ij} \times \varphi_{ij})}{\sum\limits_{i-(d-1)/2}^{i+(d-1)/2} \sum\limits_{j-(d-1)/2}^{j+(d-1)/2} \varphi_{ij}} \tag{2.36}$$

步骤 5：计算得图像增强后每个像素$(i,\ j)$达到的对比度 C_{ij}'，得到经增强处理后的新图像，新图像中的像素$(i,\ j)$的灰度值为 g_{ij}'。C_{ij}'、g_{ij}' 的计算公式如下：

$$C_{ij}' = C_{ij}^{\xi_{ij}^t} \tag{2.37}$$

式中，C_{ij}是原图像局部区域内像素点的对比度，定义为

$$C_{ij} = \frac{|g_{ij} - \delta_{ij}|}{|g_{ij} + \delta_{ij}|} \tag{2.38}$$

式(2.37)中，t 是对比度系数，且 $t\in[0,\ 1]$。ξ_{ij} 是对比度变换因子影响的增强强度，文献[2]有其详细估算过程。

$$g_{ij}' = \begin{cases} \delta_{ij} \times \dfrac{(1 - C_{ij}')}{(1 + C_{ij}')}, & g_{ij} \leqslant \delta_{ij} \\ \delta_{ij} \times \dfrac{(1 + C_{ij}')}{(1 - C_{ij}')}, & \text{其他} \end{cases} \tag{2.39}$$

通过实验发现式(2.39)的估算结果受对比度系数 t 和对比度变换因子 ξ_{ij} 的影响较大，实验结果往往不明显。本书引入对比度衰减系数 d_1，对比度增强系数 d_2，重新定义式(2.39)，得

$$g'_{ij}=\begin{cases}\delta_{ij}\times\dfrac{(1-C'_{ij})}{(1+C'_{ij})}\times d_1, & g_{ij}\leqslant\delta_{ij}\\[2ex]\delta_{ij}\times\dfrac{(1+C'_{ij})}{(1-C'_{ij})}\times d_2, & 其他\end{cases}\tag{2.40}$$

步骤 6：采用步骤 1 到步骤 5 的算法循环处理整幅图像。

如图 2.8 所示，是本节综合分析后融合的基于模糊熵判别准则合理提取 LFFD 的相似度增强算法流程图。

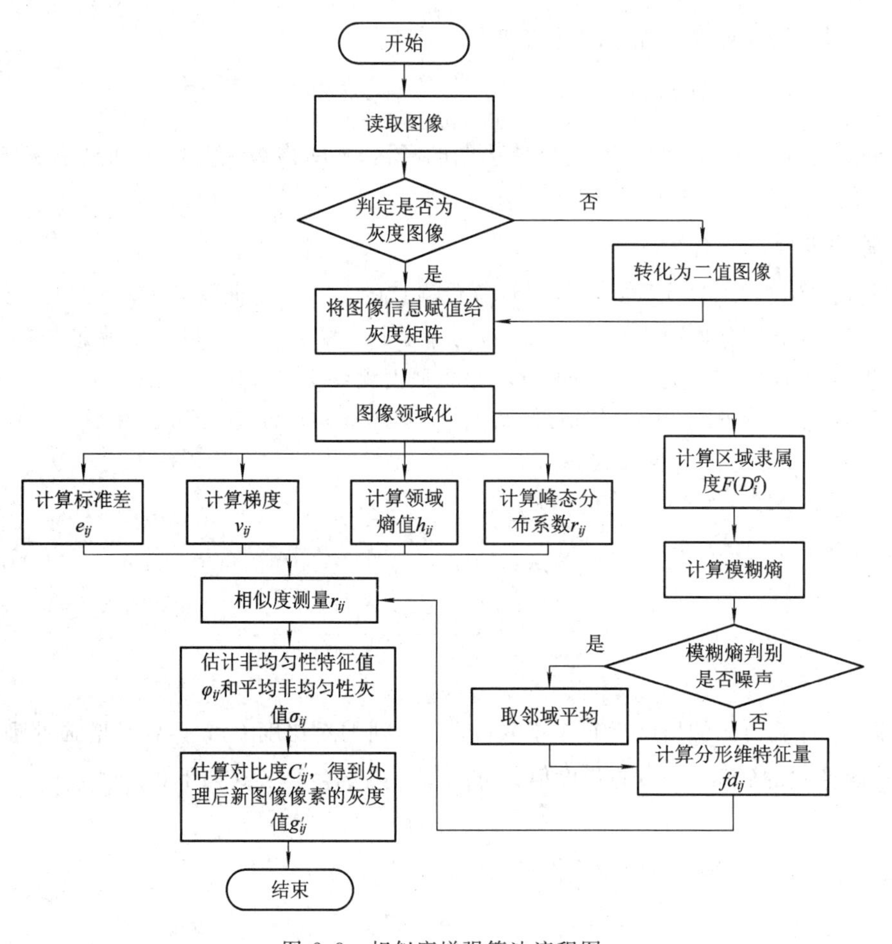

图 2.8　相似度增强算法流程图

2.4　图像边缘检测

在通过摄像机对目标对象拍照时，由于获得的图像不仅包含了要提取的目标物体的信息，也包含了拍摄的目标物体附近的背景信息，而前景目标更是人们所关注的，前景目标边缘的提取同时也是图像增强处理的一部分。本节采用基于边缘检测的图像分割的方法来提取前景目标的轮廓边缘。

2.4.1 Canny 边缘检测分析

边缘检测是通过把检测到的灰度像素点或者结构中有突变的部位组合为一个集合，提取出不同目标图像存在明显灰度值变化的边缘特征进行图像分割。通过对图像进行边缘检测，在保留更多有用信息基础上，也减少了获得图像特征信息的计算量。目前 Canny 边缘检测算子在图像理解、图像分析和图像特征识别等方面普遍应用。

Canny 边缘检测算法的实质是通过求数字图像信号函数的极大值来判定图像边缘像素点。该检测算法主要来自于高斯函数的一阶导数，也是一种对信噪比与定位乘积的最优化算法。Canny 边缘检测应该满足 3 个标准，即：

(1) 检测性能优。检测出的边缘信息的漏检率越小，误检率越小，评判参数中信噪比 SNR 越大越好。

$$\mathrm{SNR}(f)=\frac{\left|\int_{-w}^{w} f_A(-x)f(x)\mathrm{d}x\right|}{\sigma\sqrt{\int_{-w}^{w} f^2(x)\mathrm{d}x}} \tag{2.41}$$

式中，$f_A(-x)$表示图像边缘函数，$f(x)$为滤波器函数，σ 表示噪声的均方差。

(2) 定位精度高。Location 越大越好。

$$\mathrm{Location}=\frac{\left|\int_{-w}^{w} f_A'(-x)f'(x)\mathrm{d}x\right|}{\sigma\sqrt{\int_{-w}^{w} f'^2(x)\mathrm{d}x}} \tag{2.42}$$

式中，各函数为公式(2.41)中对应函数的一阶导数。

(3) 边缘响应次数少(单边缘响应准则)。也可理解为只有一个像素响应，该算法零交叉点的响应导数的平均距离 $D(f)$应该满足如下条件：

$$D(f)=\pi\left\{\frac{\int_{-\infty}^{\infty} f'^2(x)\mathrm{d}x}{\sqrt{\int_{-\infty}^{\infty} f(x)\mathrm{d}x}}\right\}^{\frac{1}{2}} \tag{2.43}$$

Canny 边缘检测实现的思路是：首先，选择合适的高斯滤波器对原始图像进行平滑滤波；其次，通过计算图像的一阶偏导数，并使用非极大值抑制去除非极大值点；最后，使用双阈值方法进行边缘的连接。具体过程如下：

(1) 选择合适窗口大小的高斯函数与原始图像进行卷积去噪，其中，$m=\frac{n-1}{2}$，n 为高斯滤波器的窗口大小。

$$F(x,\ y)=\sum_{x-m}^{x+m}\sum_{y-m}^{y+m}\exp\left|-\frac{x^2+y^2}{2\sigma^2}\right| \tag{2.44}$$

(2) 通过一阶偏导的有限差分来计算水平方向和垂直方向上的导数，获得图像的梯度值。

$$H_x=\begin{vmatrix}-1 & 1\\ -1 & 1\end{vmatrix}\quad H_y=\begin{vmatrix}1 & 1\\ -1 & -1\end{vmatrix} \tag{2.45}$$

式中 H_x、H_y分别是水平方向和垂直方向的差分模板，梯度幅值的大小为 $H=\sqrt{H_x^2+H_y^2}$，梯度方向的值为$\theta=\arctan\dfrac{H_y}{H_x}$。

(3) 对获得的梯度幅值进行非极大值抑制，因为全局的梯度值还不能完全确定出真正的边缘。因此，必须对局部的梯度值进行排查，保留最大的点，并抑制非最大像素点细化边缘。实现方式主要是通过遍历中心像素点周围 8 个方向上的图像像素，把中心点处像素的梯度幅值与梯度线上的像素点的梯度幅值进行比较，如果该中心点比对应梯度线上的像素点的梯度值大，则可以认为该中心点为零。梯度线的方向划分可以如图 2.9 所示。

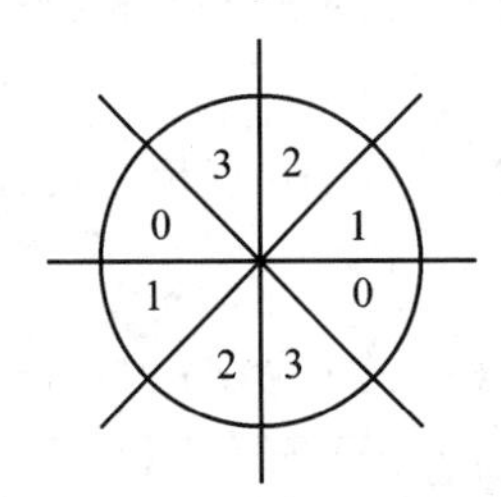

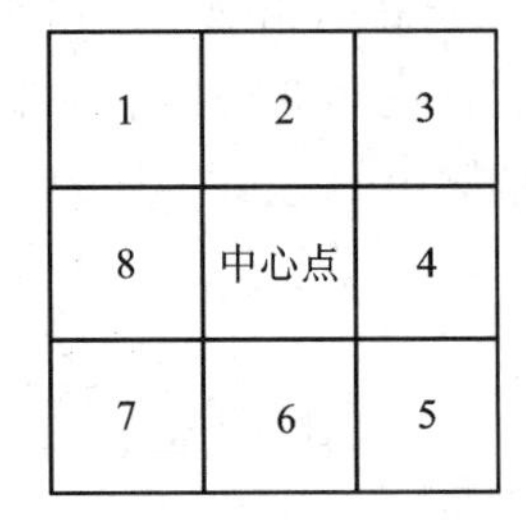

1	2	3
8	中心点	4
7	6	5

图 2.9　梯度线方向划分

在图 2.9 的左图中，对整个方向域划分四个扇区，分别编号为 0－3，对应到右图中 3×3 的图像像素邻域中，可以划分出四种可能的梯度线方向。

(4) 使用双阈值方法来进行边缘点提取和连接。

在 Canny 算法中使用双阈值方法主要是针对经过第三步之后的梯度图像选取两个高低阈值来获取两幅边缘图像，由于高阈值下获得的边缘图像有比较好的真实边缘，排除了很多虚假边缘，但同时也过滤掉了一部分真实边缘导致图像边缘断裂，不是完整连续的边缘。因此，在此基础上，使用低阈值下获得的边缘点来弥补高阈值下边缘图的漏洞。在进行高阈值边缘图检测时，当出现断点时，可检索该断点邻域 8 个点在低阈值边缘图上的值，如果存在不为零的点则认为边缘点连接。

2.4.2　基于小波分解的 Canny 边缘检测算法的提出

实际应用当中获得的图像受环境影响，会出现模糊不清的情况。但 Canny 算法对于这样的图像，处理效果并不是很理想。因此，本书提出一种将图像的低频和高频分开处理，以此来获得更多图像边缘的算法。即结合小波变换[81]和 Canny 边缘检测算法的融合算法来获取边缘，下面将详细介绍该算法。

1. 小波分解

在进行边缘提取时，提取到更多含有细节的高频成分的边缘是必不可少的，因此，可采用小波分解来对图像进行多分辨率处理，获得良好的局部化特征。小波分解能够提供目标信号各个子频段的频率信息，这样可以保证处理图像时细节部分的较少损失，而且，针对模糊不清的图像，也达到了滤波的作用。

小波分解主要依靠小波基函数，该函数是将小波母函数 $\varphi(t)$进行伸缩和平移，令伸缩因子(尺度因子)为 a，平移因子为 τ，则小波基函数表示为

$$\varphi(t) = a^{-\frac{1}{2}}\varphi\left(\frac{t-\tau}{a}\right) \tag{2.46}$$

式中，$a>0$，$\tau\in R$，将信号在这个函数系上分解，就得到了连续的小波变换。

小波变换主要分为连续小波变换和离散小波变换，在图像上进行处理时主要采用二维小波分析。令任意 $L^2(R)$空间中存在图像 $A(x, y)$的函数，则其二维小波变换为

$$\begin{aligned} WT_A(a;b_1, b_2) &= \langle A(x, y), \varphi_{a;b1, b2}(x, y)\rangle \\ &= \frac{1}{a}\iint A(x, y)\varphi\left(\frac{x-b_1}{a}, \frac{y-b_2}{a}\right) \mathrm{d}x\, \mathrm{d}y \end{aligned} \tag{2.47}$$

式中，$\varphi_{a;b_1, b_2}(x, y)=\frac{1}{a}\varphi\left(\frac{x-b_1}{a}, \frac{y-b_2}{a}\right)$为二维小波基 $\varphi(x, y)$进行尺度和位移变化后的函数，$\frac{1}{a}$主要是为了在小波改变图像尺度后保证能量不变而引入的归一化因子。

针对二维图像小波变换实现主要是假定二维尺度函数可分离，则有 $\varphi(x, y)=\varphi(x)\varphi(y)$，其中，$\varphi(x)$、$\varphi(y)$为两个一维尺度函数。令为相应的小波为 $\phi(x)$，那么产生了以下三个二维的基本小波：$\phi^1_{(x, y)}=\varphi(x)\phi(y)$，$\phi^2_{(x, y)}=\phi(x)\varphi(y)$，$\phi^3_{(x, y)}=\phi(x)\phi(y)$。对图像分解的示意图，如图 2.10 所示。

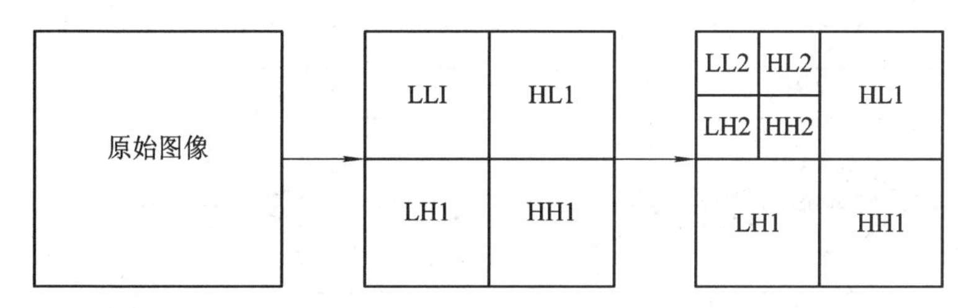

图 2.10　多分辨率小波分解示意图

从图 2.10 可以看出，中间图为原始图像一级分解的各分量，最右边是在一级分解的基础上进行二级分解的各分量示意图。

具体在实现 j 级分解时，主要是通过图像与小波基卷积来生成 j 级的一个高频分量和三个低频分量，再到下一级小波分解时主要是对本级的高频分量进行四个分量的分解，这样，就逐渐把细节分解出来，也分解出来了低频的粗略部分，可以通过如下公式计算：

$$\begin{cases} A_j f_A(x, y) = \langle A(x, y), \phi_{jk_1}(x)\phi_{jk_2}(y)\rangle; \\ D_j^{(1)} f_A(x, y) = \langle A(x, y), \phi_{jk_1}(x)\phi_{jk_2}(y)\rangle \\ D_j^{(2)} f_A(x, y) = \langle A(x, y), \varphi_{jk_1}(x)\phi_{jk_2}(y)\rangle; \\ D_j^{(3)} f_A(x, y) = \langle A(x, y), \varphi_{jk_1}(x)\varphi_{jk_2}(y)\rangle \end{cases} \tag{2.48}$$

2. 基于小波分解的 Canny 边缘检测算法步骤

步骤 1：对图像进行一阶小波分解，分别得到高频分量图像和低频分量图像，减少模糊不清的灰度图像对边缘提取的影响；

步骤 2：通过分别求解高频图像和低频分量上的像素点的一阶差分，获得两个分量上的边缘梯度图像；

步骤 3：为获得局部梯度最大值，本书方法为：首先从高频图像的梯度得到最大值 $g_{\max}$

和最小值 $g_{\min}$；然后设定阈值 T_0 为：$T=\frac{(g_{\max}-g_{\min})}{T_0(T_0>0)}$；最后计算每一点处梯度值与相邻八点梯度值之差，用最大差值与 T 相比，当最大差值大时，可以认定该点灰度值为 1，否则该点灰度值置 0。对低频图像使用同样的方法，通过这一步能获得高频的边缘图和低频的边缘图；

步骤 4：本书采用的边缘连接法是在低频的边缘检测图像的基础上，当边缘出现间断点时，在高频的边缘检测图像中检测该点的八点邻域，寻找连接点，最后得到完整的边缘检测图。

该方法通过小波分解不仅去除了模糊的影响，同时通过高低频信息的比对也获得了较好的结果，在算法第三步实现了较理想的边缘检测效果。算法流程图，如图 2.11 所示。

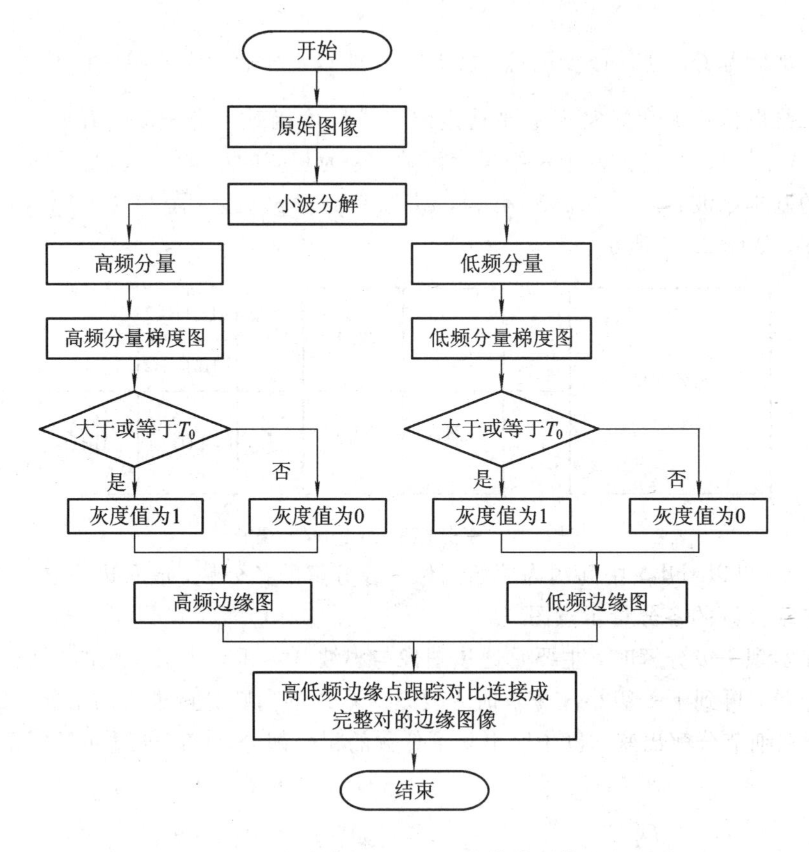

图 2.11 基于小波分解的 Canny 边缘检测算法流程图

2.5 煤矿井下图像增强实验与分析

2.5.1 基于模糊熵判别准则合理提取 LFFD 的相似度增强实验分析

为了验证本章算法的有效性，对取自陕西省韩城矿务局象山煤矿的图像进行了处理。实验平台为：CPU 酷睿 i74GHz 处理器，4GDDR3 内存的计算机上运行。图 2.12 为不同图像增强、衰减系数的增强效果图，(a)为原灰度图；(b)为图像增强、衰减系数为 1.0，1.0 的效果图；(c)为图像增强、衰减系数为 1.5，0.95 的效果图；(d)为图像增强和衰减系数为

1.9，0.5 的效果图，经引入增强、衰减系数后图像更加清楚，对比度进一步提高。图 2.13 是一组巷道不同支护类型增强效果图，此处选择图像增强、衰减系数均为 1.9，0.5，实验结果发现，选择增强、衰减系数为 1.9，0.5 时，对不同巷道的不同支护类型均有较好增强效果。

(a) 支护原灰度图

(b) 取邻域 3×3 增强和衰减系数均为 1.0 的效果图

(c) 增强和衰减系数(1.5，0.95)效果图

(d) 增强和衰减系数(1.9，0.5)效果图

图 2.12　煤矿井下支护图像不同增强和衰减系数的增强效果

图 2.13　巷道顶侧交汇细网纹理增强效果图

通过增强我们可以较为清晰的识别出图像的纹理信息。井下主巷道动态目标增强效果图如图 2.14 所示。

图 2.14 是煤矿井下主巷道动态目标增强效果图，其中增强系数为 1.05，衰减系数为 0.75，处理区域大小为 11×11。参数设置变化的原因是实验所用图像受矿井环境影响，整体偏暗，而且灰度分布比较集中，采集对象为动态目标。因此，实验在这里重新设置了参数进行处理，所得结果较好。

图 2.14　井下主巷道动态目标增强效果图

通过对图 2.12、图 2.13 以及图 2.14 的实验分析可以得出。首先，本章引用修正的隶属程度公式后可有效控制隶属程度在 0.5 到 1 之间，并使像素点模糊性得以合理度量；其次，在引入邻域区间后发现相关算法都有比较好的增强效果，得出邻域取值在 3×3 到5×5 范围的增强效果纹理清晰，对比度明显增强，而邻域取值过大会造成细节的丢失；最后，本章设计不同的图像增强、衰减系数对图像进行增强处理，得出图像增强、衰减系数为 1.9，0.5 时增强效果最好。

为了分析比较上述方法在边缘轮廓提取、噪声抑制、细节保持以及实时性等方面的效果，使用归一化均方误差(NMSE)、峰值信噪比(PSNR)和自适应适应值函数(Fit)对图像处理的性能进行评估。

$$\mathrm{NMSE}=\frac{\sum_{i=0}^{M-1}\sum_{j=0}^{N-1}(f'_{ij}-f_{ij})^2}{\sum_{i=0}^{M-1}\sum_{j=0}^{N-1}(f_{ij})^2} \tag{2.49}$$

$$\mathrm{PSNR}=10\lg\left[\frac{M\times N\times f_{\max}^2}{\sum_{i=0}^{M-1}\sum_{j=0}^{N-1}(f'_{ij}-f_{ij})^2}\right] \tag{2.50}$$

$$\mathrm{Fit}=\frac{1}{MN}\sum_{i=0}^{M-1}\sum_{j=0}^{N-1}f^2(x,y)-\left[\frac{1}{MN}\sum_{i=0}^{M-1}\sum_{j=0}^{N-1}f(x,y)\right]^2 \tag{2.51}$$

式中，M 和 N 分别表示图像的宽与高。如果 NMSE 值越小，则经过图像增强前后两幅图像越相似。PSNR 本质上也和 NMSE 相似。式(2.51)中 $f(x, y)$是等待评价图像，Fit 值越大说明图像灰度值分布越好。

表 2.1 是实验选择的相关参数，增强、衰减系数分别选择为 1.9、0.5 时实验效果最佳。表 2.2 是直方图均衡法、文献[1]及修正算法的性能比较表，从表中可知两算法性能相当，都有比较好的 NMSE 和 PSNR 值，噪声抑制效果良好。而直方图均衡法的 Fit 值较大，说明直方图法灰度分布较好。表 2.3 是文献[1]和修正算法在时间复杂度的比较结果。

表 2.1　算法参数配置表

图像名称	size	$\xi_{\min}$	$\xi_{\max}$	d_1	d_2	t	邻域 d
图 2.13	512×512	0.45	1	1.9	0.5	0.5	3×3
图 2.12(d)	480×320	0.45	1	1.9	0.5	0.5	3×3

表 2.2　几种算法的性能比较表

图像处理方式	性能参数	图 2.13	图 2.12(d)
直方图均衡方法	NMSE	0.41	0.45
	PSNR	25.68	28.26
	Fit	5594.943	5585.885
文献[1]算法	NMSE	0.01	0.01
	PSNR	41.31	39.65
	Fit	2007.596	5003.242
修正算法	NMSE	0.01	0.02
	PSNR	40.21	39.01
	Fit	1970.027	4994.871

表 2.3　CPU 处理时间比较表

图像名称	文献[1]处理时间/s	修正算法处理时间/s
图 2.13	15	9
图 2.12(d)	11	6

2.5.2　基于小波分解的 Canny 煤矿支护边缘检测实验分析

图 2.15 是传统 Canny 算法和本书算法效果对比图，图(a)、(b)分别是煤矿巷道锚网加钢带支护的不同支护类型，实验可以得到改进后算法明暗对比更清晰，纹理保持更好。

图 2.15　煤矿井下锚网支护边缘检测实验结果图

通过时间复杂度、边缘点数和连接性[82]这三项指标进行算法性能比较。其中，连接性利用连通成分进行衡量。连通成分指在像素点集合里，若某一像素点与集合内其他像素点相邻，则认为该集合是一个具有连通成分的集合。4 连通成分(B)是指某个像素点在 4 邻域内是否有与它相邻的像素点，若有则认为其是一个 4 连通成分。8 连通成分(C)是在 8 邻域范围内判断的。假设某一幅图像的灰度值是 1，则它的 4 连通成分和 8 连通成分个数都应该为 1，这样它们的比值(C/A，C/B)应该最小，而此时该图的边缘连接程度应该是最好的。因此，本章利用 C/A 和 C/B 来衡量边缘连接效果，比值越小，边缘连接程度越好。

从表 2.4 数据中可以看到，本书改进算法相比传统的 Canny 算法首先在时间复杂度上有一些优势。此外，从边缘点数上可得到，改进算法获得的边缘点数明显大于传统 Canny 算法所获得的。同时，从连接性(即 C/A，C/B)上也可以看出改进算法的性能是较好的。

表 2.4　针对图 2.15 两种算法评价因子数据统计表

图像	算法\参数	时间复杂度/ms	边缘点数(A)	4 连通成分(B)	8 连通成分(C)	C/A	C/B
图(a)	*Canny* 算法	1.8876	2153	216	79	0.0367	0.366
图(a)	改进算法	1.1856	2553	260	78	0.0306	0.300
图(b)	*Canny* 算法	2.6208	1518	157	54	0.0356	0.344
图(b)	改进算法	2.4508	1765	189	56	0.0317	0.296

2.6　小　　结

本章在基于图像增强相关算法基础上，研究分析了基于模糊熵判别准则合理提取 LFFD 的相似度增强算法；在基于图像增强边缘分割基础上，提出了基于小波分解的 Canny 边缘检测改进算法。主要内容包括：

(1) 首先，从计算区域隶属度出发，参考已有的模糊熵判定准则修正了中心像素隶属度计算式；其次，将通过模糊熵判定后的合理 LFFD 特征量引入到相似度测量算法中；最后，构造增强、衰减系数，并引入到灰度值对比度变换公式中。通过对煤矿井下获得的锚网支护图像进行了相关实验，验证了修正算法有较好的处理效果。

(2) 考虑到井下环境对图像所造成的各种影响，结合小波分解和 Canny 算法的特点，提出了针对模糊图像的边缘检测的改进算法。该算法引入小波变换提取灰度图像的高、低频分量，以此来获得更多的边缘信息完善特征轮廓，并对特征点云的精确收集起到关键作用。煤矿井下支护图像增强实验结果表明，本章算法比 Canny 算法时间复杂度低的情况下获得的边缘点数更多，4 -连通域成分明显提高。

第3章 视频图像的特征点提取及配准

由于众多视频监控系统采集点多，历史留存数据量大不利于后续查找兴趣图像。因此，有必要研究视频监测系统中特征点提取及配准的相关算法。

图像特征点指在图像中某一个像素区域内灰度值变化剧烈，或在图像边缘曲线上该曲率达到极大值，把具有这些特征的点称为特征点。通常要获得描述图像信息的特征点，必须对图像上的特征点进行提取。同时，为了更好的描述目标对象提取的特征信息点，也要对获得的特征点进行匹配，以此获得目标对象不同视角的特征信息。为了得到更多的特征点，本章将着重介绍两种特征点提取算法，即 Harris 算法和 SIFT 算法，并分别对两种算法获得的特征点利用其自身特征信息进行匹配。Harris 算法通常采用灰度相关法进行特征点匹配，而 SIFT 算法主要采用描述子欧氏距离[84]法获得匹配点，使这两种匹配方法进行匹配后，误匹配点较多。因此，本章提出一种基于相关法的欧氏距离配准算法，该方法主要是通过利用不同特征点本身的信息，在经典算法基础上分别对灰度信息使用梯度相关法，对描述子信息使用描述子相关法，并结合图像本身特征点间的欧氏距离关系来精确特征点的匹配。

3.1 特征点提取

在 Moravec 率先提出运用“兴趣算子”提取角点[83]的基础上，1988 年，由 Chris Harris 和 Mike Stephens 提出一种相对简单的点特征提取算子：Harris 算法。该算法主要通过求解图像的一阶差分后计算每个像素点的平方梯度矩阵，将求出的矩阵特征值提取出精确的特征点，该算法原理简单、实现方便。SIFT 算法是一种基于尺度不变特性的变换，它对于图像的尺度和旋转能够保持不变性，即能够在尺度、亮度以及视角变换的情况下提取到稳定可靠的特征点。其主要是通过金字塔分层的思想，从整体到个体中降低计算量。

性能良好的特征点提取算法应该符合下述几个条件：

(1) 尽可能多的提取满足条件的特征点；

(2) 得到的特征点位置精准，尽可能使提取到的特征点位置和其真实位置接近；

(3) 在有噪声或其他环境因素干扰的情况下，仍能准确提取出特征点，提取算法性能稳定；

(4) 提取算法容易实现和理解，尽可能保证在提取特征点时算法设计的时效性。

在现实中，没有任何一种特征点提取算法能够同时满足以上所有条件，因为正常情况下，高精度的要求增加了算法的运算量，而实时性则要求算法尽可能的简单。因此，在保证提取精确度的条件下，实时性必然很难满足。反之，若满足实时性，则精确度就难以保证。有些算法虽然在精确性和实时性之间建立了平衡，能同时满足精确性、实时性的要求，但这类算法对噪声的消除效果不理想。常用的特征点检测算法主要有3大类：针对灰度图像的、针对二值化图像和针对轮廓曲线的算法。下面将介绍基于灰度特征点提取的Harris算法，其主要依据像素点上的灰度值以及梯度特征信息，来进行角点的提取。而灰度值和梯度信息都可直接从图像中得到，此算法设计简单且精确性较好。

3.1.1 Harris特征点提取

Harris算法的思想是在图像上的某一点(x, y)处，以该点为中心选取一个邻域局部窗口，若窗口内的亮度在任意方向上变化都很大，则可以认为该点是一个角点。其中，图像亮度的自相关矩阵为

$$\boldsymbol{M} = w \otimes \begin{bmatrix} dA_x^2 & dA_x dA_y \\ dA_x dA_y & dA_y^2 \end{bmatrix} \tag{3.1}$$

式中，dA_x、dA_y是图像在x、y方向上的一阶导数，w是高斯分布函数，$\otimes$为卷积运算。

求解自相关矩阵$\boldsymbol{M}$的特征值，若得到的两个值都足够大，则认为该点是角点。为了简化特征值的计算量，Harris给出了一个响应函数来判定角点：

$$R = \lambda_1\lambda_2 - k(\lambda_1 + \lambda_2)^2 \tag{3.2}$$

式中，λ_1、λ_2为自相关矩阵的特征值，k是一个常数，一般取值在0.04～0.06之间。

Harris算法的具体实现步骤如下：

步骤1：针对图像A上的每一个坐标为(x, y)的像素点，通过$A_x = T_x \otimes A$，$A_y = T_y \otimes A$分别计算其x和y方向上的一阶偏导数，其中，$T_x = \begin{bmatrix} -1 & 0 & 1 \\ -1 & 0 & 1 \\ -1 & 0 & 1 \end{bmatrix}$为水平方向的梯度模板，$T_y = \begin{bmatrix} -1 & -1 & -1 \\ 0 & 0 & 0 \\ 1 & 1 & 1 \end{bmatrix}$为垂直方向的梯度模板；

步骤2：从上一步可计算求得A_xA_x、A_xA_y、A_yA_y；

步骤3：选择合适的方差σ来构造高斯卷积核函数：

$$w_{i,j} = \frac{1}{2\pi\sigma^2} \exp\left(-\frac{(i-k-1)^2 + (j-k-1)^2}{2\sigma^2}\right), \quad a = w \otimes A_x^2, \ b = w \otimes A_y^2, \ c = w \otimes (A_xA_y)$$

步骤4：针对每个像素点计算Det和Tr，$\mathrm{Det} = ab - c^2$，$\mathrm{Tr} = a + b$，然后计算角点响应函数R，给R设定一个阈值，当R的值大于该阈值时，就认定该像素点为特征点。

对整幅图像上的像素点进行特征点的计算，并抑制非最大值获得最终的特征点集。

3.1.2 SIFT特征点提取

SIFT作为目前应用比较广泛的特征点提取算法，主要有以下几点优势：

(1) SIFT针对图像局部特征点的信息提取时，能够做到在图像本身发生旋转、尺度变化、亮度变化时同样提取到正确的特征点；

(2) 独特性好，信息量丰富，能够产生大量的特征点，对后期的特征点匹配提供了很多信息；

(3) 多量性，即使是信息含量较少、目标简单的图像，也能提取到大量且稳定的特征向量；

(4) 可扩展性，可以结合不同的向量信息提取特征点。

SIFT 算法实现的主要思路是：① 通过尺度空间来检测极值点，在求解时第一步计算的就是搜索在不同尺度下图像的位置，通过对图像使用高斯差分来检测出尺度变化和旋转变换时不变的潜在关键点；② 进行关键点的定位，即对于每个获取的关键点，确定其计算前后的尺度变化；③ 确定获得的该点的方向，即为该点分配一个确定的方向，这样可以在后面计算时，不再对图像的点的原始信息比如灰度信息等操作，而是转化为计算特征点方向、尺度和位置信息的操作；④ 通过方向信息来计算出该点的描述子，即对该点当前尺度周围区域的梯度进行统计而得到相应的特征点描述子。

其实现步骤如下：

步骤 1：构建尺度空间，检测不同尺度下的极值。尺度空间的思想是在视觉信息(图像信息)处理中加入尺度因子这个参数，不同尺度下的视觉信息通过连续变化的尺度因子来获得，这样会提取到图像的尺度变化时特征点不变的点。主要是使用了高斯卷积核函数 $G(x, y, \sigma)$ 中不同的 σ 来构建不同尺度的核函数 $G(x, y, \sigma)=\frac{1}{2\pi\sigma^2}e^{-\frac{(x^2+y^2)}{2\sigma^2}}$，然后通过与原始图像进行卷积：$L_A(x, y, \sigma)=G(x, y, \sigma)\otimes A(x, y)$，其中，$L_A(x, y, \sigma)$ 为 σ 尺度下的图像，σ 尺度因子越大，获得图像的低频信息越多，相反，尺度因子越小，获得图像的细节信息就越多，一般 σ 值是在设定初始值 σ_0 的基础上，建立尺度空间 $\sigma=\sigma_0\cdot 2^k$ 得到的，其中，k 为大于 0 的正整数，一般通过连续取值来构造。为了检测关键点，在高斯差分尺度空间下，对获得的图像进行差分计算，如式(3.3)所示：

$$D(x, y, \sigma) = L_A(x, y, \sigma_1) - L_A(x, y, \sigma_2) \tag{3.3}$$

步骤 2：局部极值点的检测，精确定位特征点。为了检测到差分函数 $D(x, y, \sigma)$ 的局部极大值和极小值，针对每个关键点，分析与这个点同尺度下的邻域 8 个点以及上下相邻尺度下的相同位置的 9 个点，与这 26 个点进行比较，当该点比这些点都大或者都小的时候，提取出该点，还可以认为该点为候选的特征点。为了获得精确的特征点，可以把候选的特征点 $X=(x_0, y_0, \sigma_0)$ 代入到差分函数 $D(x, y, \sigma)$ 中去，进行二次泰勒级数展开，令差分函数等于 0，可得到该特征点的新的坐标位置为 $-\left(\frac{\partial^2 D}{\partial X^2}\right)^{-1}\frac{\partial D}{\partial X}$。为了得到更加稳定的特征点，还可以对差分函数 $D(X)$ 设定阈值，将大于该阈值的点提取出来，可获得精确而且稳定的特征点。

步骤 3：确定特征点的方向。通过为每个关键点分配一个统一的方向，并将此方向作为一个描述子，从而实现图像旋转的不变性。具体实现是在高斯尺度空间下计算通过差分函数得到的每个采样点的梯度值，分别为梯度的模值 $m(x, y)$ 和梯度方向 $\theta(x, y)$，如式(3.4)所示。然后以获得的每个特征点为中心，通过梯度方向直方图，在 8×8 的邻域上根据梯度大小把所有点在 36 个离散方向上(每 10 度为一个单元)进行梯度模值的高斯加权。在统计整个邻域内的梯度方向时，每个邻域点跟中心点的距离与其对该梯度方向贡献大小成反比，离中心点越近提供的梯度方向贡献越大。由此得出，该中心特征点的主方向及次方向对应梯度模值的极大值及多个次极大值。

$$m(x, y) = ((L_A(x+1, y) - L_A(x-1, y))^2 + (L_A(x, y+1) - L_A(x, y-1))^2)^{\frac{1}{2}}$$

$$\theta(x, y) = \tan^{-1}\left(\frac{L_A(x, y+1) - L_A(x, y-1)}{L_A(x+1, y) - L_A(x-1, y)}\right) \tag{3.4}$$

步骤 4：生成特征点的描述子。计算特征点的描述子主要是想获得新的特征点匹配的度量方法，利用描述子来重新描述。具体生成描述子的方法是：把关键点作为圆心，将其邻域旋转 θ^0 作为主方向，这样就保证了图像旋转后的特征点不变。对图像进行旋转后，把关键点作为中心点取大小为 16×16 的一个邻域窗口来统计 4×4 的直方图，每个直方图有 8 个方向的信息，所以，共有 4×4×8=128 维特征点的描述子向量，如图 3.1 所示。其中，每一小格代表这个关键点相邻区域窗口内的某一个像素点，图中箭头长度代表着该点模值的大小，箭头的方向代表该点的方向，这个方向是经过旋转后的方向。同时，为了避免光照对图像的影响，可对特征点的描述子进行归一化处理。

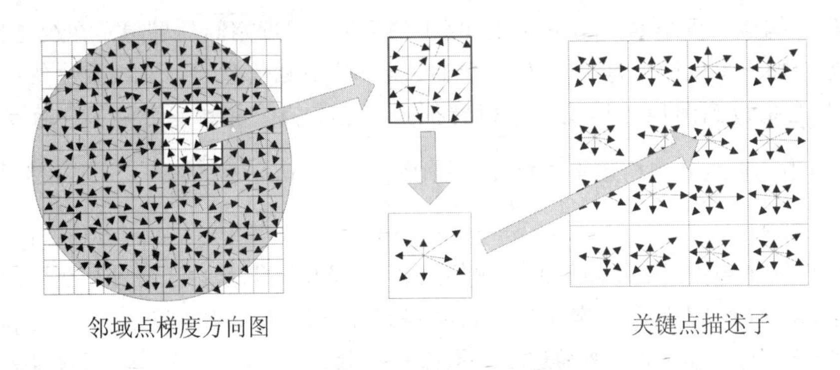

图 3.1　16×16 窗口特征点描述子

3.2　图像特征点配准

要获得描述二维图像的特征信息的点，只用一幅图像上的特征点来描述是不够精确的，本章在获得精确的二维特征点信息后，通过对目标物体拍摄两幅图像来进行特征点的匹配，即对一幅图像上的某个特征点，找到其在另一幅图像上所对应的同一点。图像特征点匹配的方法可以保证对于一个目标物体，可以从两个不同视角获得观察的描述点。

3.2.1　灰度相关法匹配算法

灰度相关匹配算法因为其算法简单，实现方便，实时性高，一直以来在图像匹配方法中广泛应用。该算法主要是基于相同特征点的像素灰度值存在最大相关性的思想来建立匹配的。在具体实现时主要对提取到的特征点使用零均值交叉相关值作为相似性度量来建立匹配集合，假设 $p_1(u_1, v_1)$和 $p_2(u_2, v_2)$分别是图像 A_1 和图像 A_2 上提取到的特征点，先在图像 A_1 上给定一个以 p_1 为中心，大小为$(2m+1)\times(2n+1)$的窗口，在图像 A_2 上与 p_1 位置相同的点处选取一个大小为$(2a+1)\times(2b+1)$的像素点窗口，在这个窗口上搜索所有的特征点，如搜索某一个 p_2 点，搜索时主要是对所有搜索到的特征点与 p_1 进行相关性计算，如图 3.2 所示。

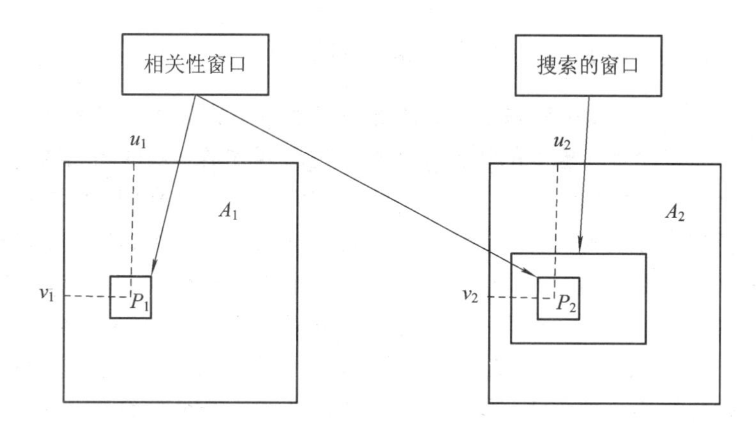

图 3.2　灰度相关性匹配的搜索

下面给出相关性计算的公式：

$$N(p_1, p_2) = \frac{\sum_{i=-m}^{m}\sum_{j=-n}^{n}(A_1(u_1+i, v_1+j)-\overline{A_1}(u_1, v_1))\times(A_2(u_2+i, v_2+j)-\overline{A_2}(u_2, v_2))}{\sqrt{\sum_{i=-m}^{m}\sum_{j=-n}^{n}(A_1(u_1+i, v_1+j)-\overline{A_1}(u_1, v_1))^2\sum_{i=-m}^{m}\sum_{j=-n}^{n}(A_2(u_2+i, v_2+j)-\overline{A_2}(u_2, v_2))^2}} \tag{3.5}$$

式中，$\overline{A_k}(u, v)$为图像A_k上的特征点(u, v)处的灰度均值，计算公式如下：

$$\overline{A_k}(u, v) = \frac{1}{(2m+1)(2n+1)}\sum_{i=-m}^{m}\sum_{j=-n}^{n}A_k(u+i, v+j) \tag{3.6}$$

通过相关性计算公式，可以获知一幅图像上的一个点和其对应搜索窗口中的特征点的相关性的大小，该算法判定相关度$N(p_1, p_2)$取值范围在-1到1之间，-1为不相关，1为完全相关。因此，该值越大两个点匹配性越强，同时，可以给定一个阈值来筛选相似度的大小，当大于该阈值时就认为两个点为匹配点。

3.2.2　特征描述子的匹配方法

上节中，在SIFT提取特征点算法中获得精确定位的特征点后，又为特征点求解了其描述子信息，子信息通常都是通过欧氏距离来匹配的。具体来说就是：特征点通过描述子信息进行匹配时可把每个特征点生成的描述子看成128维的向量，然后利用欧氏距离作为匹配准则，计算两个向量之间的欧氏距离大小，如果两个向量距离为0，说明这两个向量是完全相同的，也可以理解为这两个点的描述子信息是完全相同的，则这两个特征点必然是匹配点。欧氏距离计算公式为

$$D(p_1, p_2) = \|p_1 - p_2\| = \sqrt{\sum_{i=1}^{128}(p_1(i) - p_2(i))^2} \tag{3.7}$$

针对图像A_1上的特征点p_1和图像A_2上的特征点p_2计算其描述子向量的欧氏距离，因为图像存在噪声等因素的影响，欧氏距离是无法达到零值的，但是，两个向量的欧氏距离越小，肯定代表这两个特征点的相似度越大。因此，给定一个阈值，如果两个特征点的描述子向量的欧氏距离小于此阈值的话，就认为这两个特征点是匹配点。

3.2.3 基于相关法的欧氏距离配准算法的提出

综上所述，提出基于相关法的欧氏距离配准算法的结构如图3.3所示。图中所示上述两种匹配方法，都是针对其检测的特征点信息来进行匹配的，灰度相关法主要利用获得的特征点的灰度信息进行匹配，而描述子信息的匹配方法主要是利用SIFT获得的特征点描述子信息进行匹配。这两种方法匹配结果都不是很理想，误匹配点较多，尤其是灰度相关法易受到图像尺度变化的影响，由于拍摄视角度的不同，图像尺度变化会经常发生。因此，针对两种方法获取的特征点，提出一种改进基于相关法的欧氏距离配准算法，该算法主要是通过利用不同特征点本身的信息，在经典算法基础上分别对灰度信息使用梯度相关法，对描述子信息使用描述子相关法，最后结合图像本身特征点间的欧氏距离的关系来精确特征点的匹配降低误匹配点数。

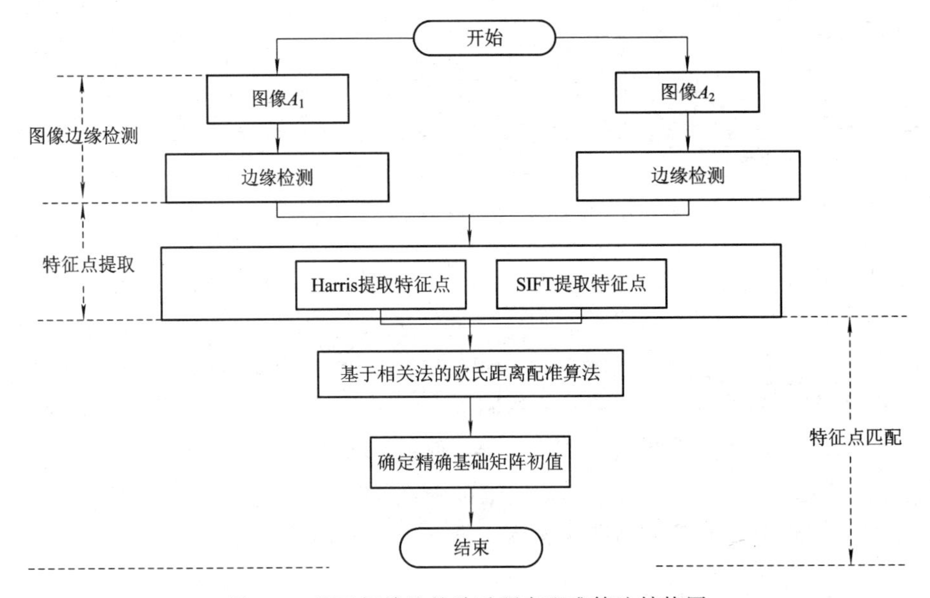

图3.3 基于相关法的欧氏距离配准算法结构图

在公式(2.45)中，已经给出了求点的一阶偏导的有限差分，即梯度值的计算方法。因此，本书这里直接给出特征点梯度相关性的计算公式：

$$R(p_1, p_2)=\frac{\sum_{i=-m}^{m}\sum_{j=-n}^{n}(G_1(u_1+i, v_1+j)-\overline{G_1}(u_1, v_1))\times(G_2(u_2+i, v_2+j)-\overline{G_2}(u_2, v_2))}{\sqrt{\sum_{i=-m}^{m}\sum_{j=-n}^{n}(G_1(u_1+i, v_1+j)-\overline{G_1}(u_1, v_1))^2\sum_{i=-m}^{m}\sum_{j=-n}^{n}(G_2(u_2+i, v_2+j)-\overline{G_2}(u_2, v_2))^2}} \tag{3.8}$$

各部分计算方法和公式(3.5)相同，只要将式(3.5)中原来计算图像灰度信息的A换成计算梯度信息，即梯度值G。

同理，对于包含描述子信息的特征点采用的描述子相关性也与梯度相关性的概念相似，针对每个含有128维向量的特征点进行相关匹配时，将两个特征点的描述子向量进行两个列向量的相关系数计算，通过计算出来的值衡量这两个点是否为匹配的点。

最后，给出计算图像点之间欧氏距离的公式：

$$d(p_1, p_2) = \sqrt{(x_{p_1} - x_{p_2})^2 + (y_{p_1} - y_{p_2})^2} \tag{3.9}$$

具体的实现步骤为：

步骤 1：提取两幅图像上的特征点集，首先对每组点集去除相同坐标点；其次，选择初始的第一组精准匹配点，该初始的匹配点集可以来自一幅图像上的某一特征点，同时在第二幅图像上的相同位置搜索相应窗口中的特征点，并把该窗口中的所有特征点认为是第一幅图像特征点对应的匹配点。

步骤 2：对第 1 步产生的一对多的点集进行细化。首先，对灰度信息的特征点用灰度相关法计算任意两个点间的灰度相关系数，该相关系数若小于阈值 k，则认为该特征点是误匹配点，通过这样的方法可以去除部分误匹配点；其次，对剩余点用梯度相关法来精确匹配，方法为计算任意两点之间的梯度相关系数，若该系数大于阈值 l，则认定该点为对应的匹配点；最后，获得初始的精确一对一的匹配点。同理，对于描述子信息的特征点，可先使用描述子的欧氏距离进行粗匹配，然后通过描述子信息相关法来进行精确匹配。

步骤 3：在获得初始的一组精确匹配点集后，在原始图像上用欧氏距离计算离第一个成功匹配点最近的点，该点是第二个需要去匹配的点。针对第二个点，同理在被匹配图像上寻找离第一个成功匹配点最近的点，这里需要考虑图像发生尺度变化后可能引起的图像畸变。因此，在被匹配图像上，把这个最小距离的 n 倍作为阈值 g。并计算第一个点到其他点的欧氏距离，在阈值 g 范围内的点，则认为是被匹配图像上第二个点可能的匹配点。再按照步骤 2 的方法进行精确匹配。

步骤 4：两幅图像上剩余的特征点集，按照上述步骤 3 的方法进行处理，直到特征点全

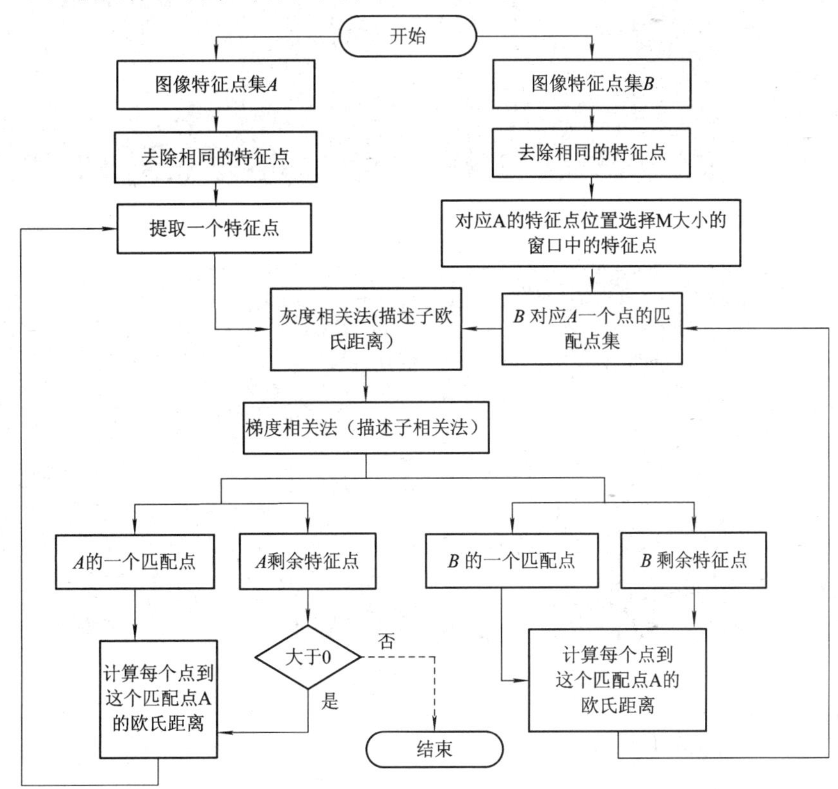

图 3.4　基于相关法的欧氏距离配准算法流程图

部匹配完成。算法流程图如图 3.4 所示，括弧内为描述子信息特征点匹配方法。

3.3 煤矿井下实验与分析

3.3.1 特征点提取实验分析

本章的实验仿真主要是通过两组图像来完成，图像大小均为 291×516，来源于陕西某煤矿。图 3.5 是经典 Harris 算法提取的特征点，左图获得了 2549 个特征点，右图获得 2803 个特征点。图 3.6 是 SIFT 算法提取的特征点，左图获得 982 个特征点，右图获得 1098 个特征点。具体实验结果如下：

图 3.5 Harris 特征点提取结果图

图 3.6 SIFT 特征点提取结果图

3.3.2 特征点匹配实验分析

下面针对灰度特征信息匹配算法、描述子信息匹配算法以及本章所提算法进行实验比较。从图 3.7 实验结果可以得到，灰度相关法的匹配点较多，但无法分辨正确匹配点，而图 3.8 实验结果中误匹配点明显减少，图 3.9 实验结果匹配点较少，且错误匹配较多。而图 3.10 实验结果显示，本章算法匹配效果良好，错误匹配较少。

图 3.7　灰度相关法对煤矿井下主巷道图片的匹配结果

图 3.8　本书算法对同一幅图片特征点匹配结果

图 3.9　传统描述子对井下图像匹配结果

本节通过两组煤矿井下图像的配准算法仿真给出表 3.1 和表 3.2 的实验数据，从表 3.1 的实验结果上看到，传统灰度相关法获得的匹配点中误匹配率相对高一些，时间复杂

图 3.10　本书算法对同一幅图片匹配结果

度也相对高一些，而本书算法在较少的时间复杂度下，误匹配率也低。对于表 3.2，基于传统描述子信息的匹配算法利用欧氏距离获得匹配点，时间复杂度高，误匹配点也较多，而本书算法则通过描述子相关法后再计算欧氏距离，性能明显改善。

表 3.1　两种匹配算法实验数据统计

图像	算法/参数	匹配点数	误匹配点数	误匹配率	时间复杂度/ms
图 3.5	传统灰度相关法匹配	2016	974	48.3%	287.643
	本书算法	1693	631	37.3%	217.512

表 3.2　两种匹配算法实验数据统计

图像	算法/参数	匹配点数	误匹配点数	误匹配率	时间复杂度/ms
图 3.6	传统描述子欧氏距离匹配	847	309	36.5%	143.217
	本书算法	812	207	25.5%	103.546

3.4　小　　结

视频监控系统采集点多，历史留存数据量大不利于后续查找特征图像。为了快速提取大量煤矿视频中感兴趣的图像，本书提出了一种基于相关法的欧氏距离配准算法。主要研究内容包括：

(1) 在特征点提取方面，研究了 Harris 角点提取算法和 SIFT 特征点提取算法，并对两种算法的优缺点进行了分析，为后续引入配准算法指明了研究方向。

(2) 在匹配方面，分析了 Harris 特征点灰度相关法和 SIFT 特征点描述子信息匹配法的不足，提出了基于相关法的欧氏距离配准算法，该算法通过利用不同特征点自身信息，在 Harris 算法基础上对灰度信息使用梯度相关法，对 SIFT 算法描述子信息使用描述子相关法，并结合特征点间的欧氏距离关系来精确匹配。从煤矿井下图像的配准实验结果及数据分析可见，本书所提算法在 Harris 算法和 SFIT 算法获得特征点的基础上对其进行匹配，匹配精度高，误匹配点少。

第4章　动态目标的检测

当前视频监控系统大多采用固定式监控设备，拍摄背景基本静止不变，所以通过背景减法就可以提取前景运动目标。但若前景目标出现了缓慢变化或目标局部不变的情况时，就存在前景目标融入背景的可能性，这样传统的背景减法就无法提取目标信息。而码书模型(Code Book Model，CBM)能在RGB颜色空间下对视频序列进行连续的采样，对图像中的每个像素点建立一个结构码书，在每个码书中构建多个码字，并通过对历史像素的不断量化来滤除前景码字和噪声干扰，提取出合适的码字构造背景。

日常环境中采集到的图像经常受自然光和人工照明的影响。在前景检测中不仅包含了前景目标，而且也时常伴随着阴影区域，阴影与前景目标具有相同的运动规律，很容易使得前景中运动目标的几何形状发生较大偏差，造成多个运动目标粘连融合、目标丢失甚至出现虚假目标等。所以阴影的去除是运动目标检测中重要的研究问题。

综上所述，本书提出基于CBM的目标空间整体性背景更新算法，该算法在运动目标检测过程中引入了空间统计信息，并利用目标的空间整体性判断出前景和背景，着重解决模型处理运动信息不足时出现“局部检测”的问题。另外针对阴影检测，提出基于HSV空间的码字分量平均算法，该算法通过RGB到HSV空间的转换关系，在前景检测算法中加权平均背景，改进前景检测流程，确保得到精确的前景目标信息。

4.1　动态目标检测算法分析

在CBM目标检测算法提出后，近年来有许多基于该算法的改进算法陆续被提出。文献[85]将原有算法的颜色空间变换到另外一种颜色空间，对算法的计算复杂度进行了优化。并将CBM与MoG相结合，进一步加强了算法的可靠性，适用于更多的场景，提高了检测的准确性。文献[86]将CBM与图像的纹理特征相结合，用以解决目标背景相似物的干扰，并精简了码字的更新过程，提高了检测的可靠性。上述改进算法虽然改善了传统算法性能，但对于复杂场景中的检测准确度有所下降，虽然几种算法的融合提高了检测效果，但降低了检测的时效性。

目前国内外学者提出了多种运动目标检测方法，其中比较常用的是光流法、帧间差分法和背景差分法。

4.1.1　光流法

光流法为图像中的每个像素点赋予一个速度矢量，这个矢量是由真实的3维空间投影而成的。总体来说，速度矢量可以由视频场景中的运动目标自身产生，也可由摄像头的转动产生，或者是二者共同作用的结果。

设真实三维空间中的某一点 p，在时刻 t 对应于图像上的某一点(x, y)，其灰度值为 $I(x, y, t)$，经过 Δt 时刻后，p 点所对应的像素点运动到了$(x+\Delta x, y+\Delta y)$，其灰度值为 $I(x+\Delta x, y+\Delta y, t+\Delta t)$。假设在很短的时间内，图像的整体亮度没有发生改变，并且在这段时间内，相邻帧的运动比较微小，则有

$$I(x, y, t)=I(x+\Delta x, y+\Delta y, t+\Delta t) \tag{4.1}$$

将式(4.1)等号右边在(x, y)处进行一阶泰勒级数展开，并略去高阶项得到

$$I(x, y, t)=I(x, y, t)+\frac{\partial I(x, y, t)}{\partial x}\Delta x+\frac{\partial I(x, y, t)}{\partial y}\Delta y+\frac{\partial I(x, y, t)}{\partial t}\Delta t \tag{4.2}$$

令 $u=\frac{\partial x}{\partial t}$，$v=\frac{\partial y}{\partial t}$，表示像素在 x 轴、y 轴方向的运动矢量，上式可化简为

$$\frac{\partial I}{\partial x}u+\frac{\partial I}{\partial y}v+\frac{\partial I}{\partial t}=0 \tag{4.3}$$

式(4.3)称为光流约束方程。通过求解方程，得出像素点的运动矢量(u, v)。若视频图像中只存在背景，运动目标没有出现，则光流失量在整个视频图像上有规则变化；而当运动目标出现时，运动目标所形成的速度矢量与背景的速度矢量会有着显著地区别，通过这一特征，就可以计算出运动目标的位置。

光流法的优点在于，由于考虑了背景的运动情况，可以在摄像机运动的情况下进行检测，其缺点也比较明显：① 光流约束方程求解较为复杂，一种常见的方法[87]是通过加权最小二乘法对方程进行求解，运算量非常大，如果没有特殊的硬件支持，很难进行实时的检测，这限制了光流法在传统的嵌入式视频监控设备中的使用；② 光流法的鲁棒性不是很理想，对于光照、噪声、背景轻微的晃动(如摇摆的树枝等)都会造成误检，这使光流法只能用于室内等简单场景，在复杂场景下无法使用。

4.1.2 帧间差分法

帧间差分法是将图像序列中的前后两帧图像对应像素值相减，如果结果大于一定阈值，则判为运动目标。原理是：若两帧图像中没有任何变化，那么对应的像素值之差应该为 0。考虑到光照的影响，像素值之差应该为一个较小的值。若对应的像素点发生了显著地变化(前后两帧之差大于阈值)，那么将这些区域标记下来，就可以利用这些标记的像素区域求出视频图像中运动目标所在的位置。该算法的基本流程如图 4.1 所示。

$$D_t(x, y)=\left|f_t(x, y)-f_{t-1}(x, y)\right| \tag{4.4}$$

$$R_t(x, y)=\begin{cases}0 & \text{背景}\quad D_t(x, y)\leqslant T\\ 255 & \text{前景}\quad D_t(x, y)>T\end{cases} \tag{4.5}$$

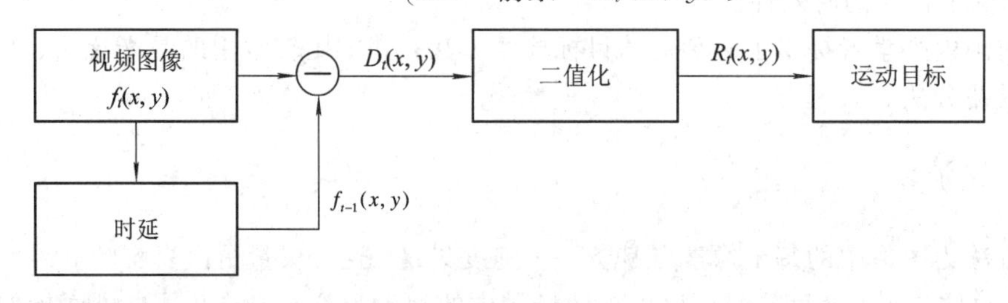

图 4.1　帧间差分法流程图

式中，T 为设定的阈值。

如图 4.2 所示，使用帧间差分法对本书作者自行拍摄的一段视频进行运动目标检测得出的结果(T 取值为 20)：

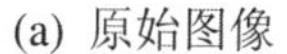

(a) 原始图像　　(b) 帧间差分检测效果

图 4.2　帧间差分法检测效果图

帧间差分法对于动态场景具有较好的适应性，对光线突变等情况也不太敏感，而且算法实现相对简单。缺点是大多数情况下不能一次提取出所有相关的特征像素点，导致运动目标内部经常产生空洞现象，不能得到运动目标的完整轮廓。当目标运动缓慢时，甚至检测不出运动目标，这为后续运动目标跟踪以及识别等工作带来了困难。

4.1.3　背景差分法

背景差分法是目前运动检测中最常用的一种方法。它的基本做法是选取一幅参考图像作为背景，通过当前帧的每个像素与背景中对应的像素相比较，如果大于阈值，则判为运动目标，否则判为背景。

理论上，这种做法能够检测任何一点细微的变化。但是在实际中，很多变化不是由关注的运动目标引起的，比如：光照变化、树叶的轻微晃动、随机的噪声等等。这些变化会对检测结果产生一定的影响。在图 4.3(b)中，由于树木的晃动产生了大量的误检点。因此，在实际应用中，人们常使用一些复杂的模型来刻画背景，并在检测中对模型进行更新。

(a) 原始图像　　(b) 背景差分法检测效果

图 4.3　背景差分法检测效果图

总的来说，背景差分法可分为三步：

(1) 学习背景模型：对于一段视频序列，通过提取像素点的特征：比如颜色、重复频率或者出现概率等进行建模；

(2) 前景检测：对于每一幅图片，通过一定的规则来度量它的像素点与背景模型对应像素点的相似程度。如果相似，则判为背景，否者判为前景；

(3) 背景更新：对于与背景模型相符的情况，需要更新背景模型，这样可以有效地防止光照的缓慢变化带来的问题。

其检测流程如图 4.4 所示。

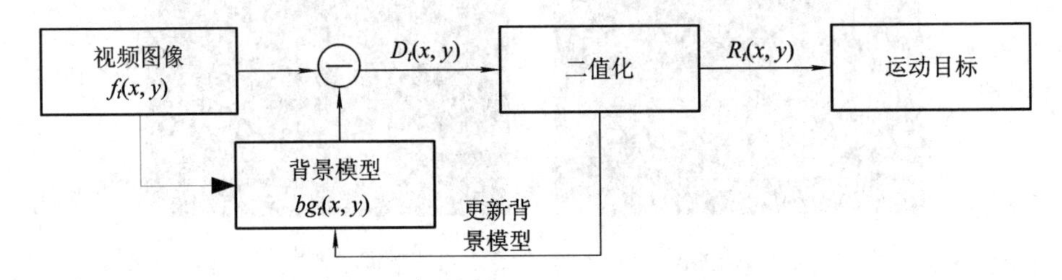

图 4.4　背景差分法检测原理图

整个算法性能的好坏主要取决于模型构建是否合理，能否克服光照变化、室外环境的影响如树木晃动的干扰等，对比国内外的众多学者提出了相应有效的背景模型，比如基于纹理进行建模的方法[54]、KDE[88]、MoG[89-90]和 CBM[91-92]等。但由于前二者计算量过大，在使用中不能保证实时性，所以本书仅研究了 MoG 和 CBM。

4.1.4　几种背景模型的建议

1. 单高斯模型

单高斯模型将视频序列$\{X_1, \cdots, X_t\}$中，每个像素点的变化看作是不断产生像素点的随机过程。可以通过统计一段时间内的像素值来近似计算它的均值和方差：

$$\mu_0(x, y) = \frac{1}{T}\sum_{i=0}^{T-1} X_i(x, y) \tag{4.6}$$

$$\sigma_0^2(x, y) = \frac{1}{T}\sum_{i=0}^{T-1} [X_i(x, y) - \mu_0(x, y)]^2 \tag{4.7}$$

然后对于新的一帧图像，通过下式来更新模型的均值和方差：

$$\mu_t = (1-\rho)\mu_{t-1} + \rho X_t \tag{4.8}$$

$$\sigma_t^2 = (1-\rho)\sigma_{t-1}^2 + \rho(X_t - \mu_t)^{\mathrm{T}}(X_t - \mu_t) \tag{4.9}$$

式中，ρ 为学习速率，取值在 0 到 1 之间。若取值太大，则会使得一些运动较慢的目标被判为背景；若取值太小，则会使得背景模型更新速度太慢，对于一些永久性移入的物体在长时间内会产生误检。

最后，通过当前视频图像中的像素点与背景模型中对应像素点的差别来判断该像素是背景或是前景：

$$FG_t(x, y) = \begin{cases} 1, & |X_t(x, y) - B_t(x, y)| > c \cdot \sigma_t(x, y) \\ 0, & \text{其他} \end{cases} \tag{4.10}$$

式中，c 为常数，一般取 2.5。

单高斯模型对于一些变化比较缓慢的场景(如室内场景)，检测效果比较理想。

2. 混合高斯模型(MoG)

假设在一段视频序列$\{X_1, \cdots, X_t\}$中，图像上的每个像素值由具有K个单高斯分布的混合高斯模型表示：

$$P(X_t) = \sum_{i=1}^{K} \omega_{i,t} \times \eta(X_t, \mu_{i,t}, \Sigma_{i,t}) \tag{4.11}$$

式中，K为混合模型的个数，取值一般为3～5。较大的模型个数对于动态的背景有更好鲁棒性，但是计算速度也随之降低。$\omega_{i,t}$为第i个模型在t时刻的权值，即这个单高斯模型在整个混合模型中的比重。$\eta(X_t, \mu_{i,t}, \Sigma_{i,t})$是第$i$个模型在$t$时刻的概率密度，服从高斯分布：

$$\eta(X_t, \mu_{i,t}, \Sigma_{i,t}) = \frac{1}{(2\pi)^{\frac{n}{2}} |\Sigma|^{\frac{1}{2}}} e^{-\frac{1}{2}(X_t - \mu_{i,t})^T \Sigma^{-1} (X_t - \mu_{i,t})} \tag{4.12}$$

$\mu_{i,t}$为t时刻第i个模型的均值，$\Sigma_{i,t}$为对应的协方差矩阵。通常为了简化矩阵求逆的计算，这个矩阵被假设为对角阵。

在初始化时，可以为每个模型提供一个较小的权值和较大的方差。当一个新像素X_t到来时，将它与现有的K个分布(权值从大到小排列)依次比较，若满足像素值与均值之差在2.5个标准差之内，则判为匹配，即：

$$\text{match} = \begin{cases} \text{true} & |X_t - \mu_{i,t}| < 2.5 \times \sigma_{i,t} \\ \text{false} & \text{其他} \end{cases} \tag{4.13}$$

如果匹配，则更新对应的模型。

增加该模型的权值：

$$\omega_{k,t} = (1-\alpha)\omega_{k,t-1} + \alpha \tag{4.14}$$

修正该模型的均值和方差：

$$\mu_t = (1-\rho)\mu_{t-1} + \rho X_t \tag{4.15}$$

$$\sigma_t^2 = (1-\rho)\sigma_{t-1}^2 + \rho(X_t - \mu_t)^T(X_t - \mu_t) \tag{4.16}$$

其中：

$$\rho = \alpha\eta(X_t \mid \mu_k, \sigma_k) \tag{4.17}$$

如果没有任何一个模型可以进行匹配，则初始化一个新模型。并用当前像素值作为模型的均值，并赋以较大的方差和较小的权值，并用这个模型代替原模型中概率最小的模型。然后将整个权值做归一化处理：

$$\omega_{i,t} = \frac{\omega_{i,t}}{\sum_{j=1}^{K} \omega_{j,t}}, \quad i = 1, 2, \cdots, K \tag{4.18}$$

并将K个模型按照$\omega_{i,t}/\sigma_{i,t}$从大到小重新排序。这样排序的依据在于，对于背景元素应该尽量保持不变，同时在检测过程中经常出现。因此那些权值较大，而方差较小的模型应该判别为背景。

完成排序后，从K个高斯分布中选择前B个高斯分布作为背景模型，并得这B个高斯分布的概率之和大于某一阈值：

$$B = \text{argmin}_b \left(\sum_{k=1}^{b} \omega_{i,k} > T \right) \tag{4.19}$$

式中，T 表示背景门限的阈值。若取值太小，对于光线变化以及轻微的树木的随风摆动鲁棒性变差；若 T 取值太大，则会将一些真实运动的目标判为背景。

在前景检测时，需要判断该像素与模型的中第 kHit 个模型匹配（若无匹配则令 $k\text{Hit}=K$）。若 $k\text{Hit}<B$ 则判为背景，否则判为运动目标。

MoG 背景建模及前景检测流程，如图 4.5 所示。可以看出，与简单的背景差分法相比，该模型对于背景中树叶的轻微晃动有较好的鲁棒性。但是该算法也存在一些问题：① 场景比较复杂时，通过 3～5 个模型来模拟背景往往是不够的，从而导致前景检测时效果欠佳；② 高斯混合模型面临“trade - off”问题：较低的学习速率对于突然出现的场景检测效果较差，而较高的学习速率则会使缓慢运动的物体融入背景。

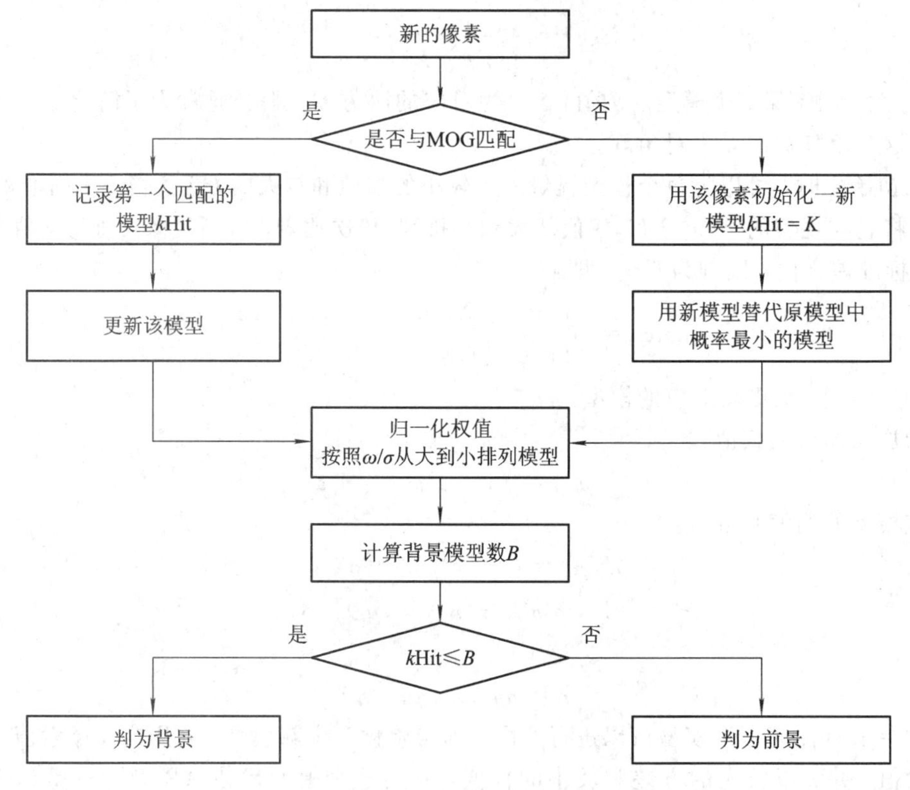

图 4.5　MoG 背景建模及前景检测流程图

(a) 原始图像

(b) 背景差分检测效果

(c) MoG 检测效果

图 4.6　MoG 检测效果图

3. CBM 建模过程

基于 CBM 的背景建模算法是由 Kim 等人[91]提出，该算法在 RGB 颜色空间下对视频序列进行连续的采样，对于图像中的每个像素点建立一个结构码书，在每个码书中构建多个码字。通过对历史像素的不断量化，滤除前景码字和噪声干扰，提取出合适的码字构造背景。该方法能在有限的存储空间下表示长时间的图像序列，并且在一定程度上解决了动态背景问题，同时能够适应更多场景。

CBM 是一种采用量化聚类技术对样本聚类的模型，传统 CBM 是在 RGB 颜色空间下根据颜色扭曲度和亮度变化，对视频序列图像中每个像素点的连续采样值构造得到的。设 $X=\{x_1, x_2, \cdots, x_T\}$是某个像素点最近 T 个历史样本值，其中图像中第 i 相同位置处的像素表示为 $x_i(i=1, 2, \cdots, N)$(N 表示视频帧数)。通过对 X 的聚类分析得到每个像素的码书 C，每一本码书又由不同数目的码字 $c_j(j=1, 2, \cdots L)$组成，每个码字是样本聚类的核心，用码字近似地表示聚类。每个码字由两部分组成：$v_i=(\bar{R}_i, \bar{G}_i, \bar{B}_i)$和 $\mathrm{aux}_i=\langle \check{I}_i, \hat{I}_i, f_i, \lambda_i, p_i, q_i\rangle$，可通过这 9 个参数来描述，其中 $i=1, 2, \cdots, N$，$v_i=(\bar{R}_i, \bar{G}_i, \bar{B}_i)$表示码字的 RGB 空间颜色；$\check{I}_i$和$\hat{I}_i$是码字对应的最小和最大亮度值；$f_i$是码字出现的频率；$\lambda_i$表示码字相邻两次出现的最长时间间隔；$p_i$ 和 q_i 分别表示码字第一次和最后一次出现的时间。

构建 CBM 还需要计算颜色扭曲度和亮度变化范围值，颜色扭曲度指的是当前像素值相对于背景码字的颜色变化程度，假设当前输入的像素为 $x_t=(R, G, B)$，则该像素与码字 c_i间的颜色扭曲度 $\mathrm{colordist}(x_t, c_i)$可通过下式计算得到：

$$\mathrm{colordist}(x_t, c_i) = \sqrt{\| x_t \|^2 - p^2} \tag{4.20}$$

式中

$$\| x_t \|^2 = R^2 + G^2 + B^2$$

$$p^2 = \| x_t \|^2 \cos^2\theta = \| x_t \|^2 \cdot \frac{\langle x_t, \nu_i\rangle^2}{\| x_t \|^2 \| \nu_i \|^2} = \frac{\langle x_t, \nu_i\rangle^2}{\| \nu_i \|^2}$$

$$\| \nu_i \|^2 = \overline{R_i}^2 + \overline{G_i}^2 + \overline{B_i}^2$$

$$\langle x_t, \nu_i\rangle^2 = (\overline{R_i}R + \overline{G_i}G + \overline{B_i}B)^2$$

亮度扭曲度是指当前像素的亮度值相对于背景码字的变化程度。假设当前码字 c_i 的亮度范围为$[I_{\mathrm{low}}, I_{\mathrm{high}}]$，$I_{\mathrm{low}} = \alpha \hat{I}_i$，$I_{\mathrm{high}} = \min\{\beta \hat{I}_i, \check{I}_i/\alpha\}(\alpha<1, \beta>1)$，则亮度扭曲度 $\mathrm{brightness}(x_t, c_i)$为：

$$\mathrm{brightness}(x_t, c_i) = \begin{cases} \mathrm{true}, & I_{\mathrm{low}} \leqslant \| x_t \| \leqslant I_{\mathrm{high}} \\ \mathrm{false}, & \text{其他} \end{cases} \tag{4.21}$$

1）CBM 的构造步骤

步骤 1：构建 CBM，并进行初始化，将码书 C 设置为空集，$L=0$。

步骤 2：训练视频序列中像素值 $X=\{x_1, x_2, \cdots, x_N\}$，$x_t=(R_t, G_t, B_t)$，$I_t=\sqrt{R_t^2+G_t^2+B_t^2}$，式中，$t=1, 2, \cdots, N$。在码书 $C=\{c_i \mid 1\leqslant i\leqslant L\}$中基于以下两个条件查找与 x_t匹配的码字 c_m：

$$\mathrm{colordist}(x_t, c_i)\leqslant\varepsilon_1 \text{ 和 } \mathrm{brightness}(x_t, c_i)=\mathrm{true}$$

式中，ε_1为全局阈值变量。如果$C=\phi$(空集)或没有匹配的码字，则创建一个新的码字c_L，并进行如下初始化：

$$L \leftarrow L+1,\ v_L \leftarrow (R_t,\ G_t,\ B_t),\ \mathrm{aux}_L \leftarrow \{I,\ I,\ 1,\ t-1,\ t,\ t\}$$

式中，$I=\sqrt{R_t^{\ 2},\ G_t^{\ 2},\ B_t^{\ 2}}$。

否则，如果存在匹配的码字，则更新匹配的码字c_m：

$$\nu_m = \left(\frac{f_m \overline{R_m}+R}{f_m+1},\ \frac{f_m \overline{G_m}+G}{f_m+1},\ \frac{f_m \overline{B_m}+B}{f_m+1}\right) \tag{4.22}$$

$$\mathrm{aux}_m = \langle \min\{I,\ \check{I}_m\},\ \max\{I,\ \hat{I}_m\},\ f_m+1,\ \max\{\lambda_m,\ t-q_m\},\ p_m,\ t\rangle \tag{4.23}$$

步骤3：训练结束，计算每个像素各个码字$c_j(j=1,\ 2,\ \cdots,\ L)$最大时间间隔$\lambda_i$，并利用该值消除冗余的码字，得到该位置的精简码书(MC)：

$$\lambda_i = \max\{\lambda_i,\ (N-q_i+p_i-1)\}$$

$$\mathrm{MC} = \{c_j \mid c_j \in C,\ \lambda_j \leqslant \mathrm{Tn}\} \tag{4.24}$$

式中，j是码字的索引，Tn是精简码书阈值，通常设置$\mathrm{Tn}=N/2$，即训练帧数的一半。背景码书是由相邻两次出现时间间隔较短的码字构成的。

2）前景检测步骤

前景检测是利用训练好的背景码书对新输入的视频序列中每一个像素点逐个寻找匹配的码字，判断是否属于它们的背景码书。其步骤如下：

步骤1：输入待检测像素，$x_t=(R_t,G_t,B_t)$，$I_t=\sqrt{R_t^{\ 2}+G_t^{\ 2}+B_t^{\ 2}}$，其中$t=1,2,\cdots,N$；

步骤2：查找匹配码字，在背景码书MC中，按照以下两个条件查找匹配的码字c_m：

$$\mathrm{colordist}(x_t,\ c_i) \leqslant \varepsilon_2 \text{ 和 } \mathrm{brightness}(x_t,\ c_i)=\mathrm{true}$$

式中，ε_2是全局阈值变量，由实验可知ε_2通常要稍大于ε_1；

步骤3：判断更新。若匹配，则该像素判为背景，采用上述训练方法更新背景码书MC；若未能匹配，则判断该像素为前景。

同时为了方便处理，将前景像素点和背景像素点二值化操作。而且为了去除孤立的噪声点以及目标空洞，通常利用形态学中的开运算或闭运算处理二值化图像。

4.2 基于CBM的目标空间整体性背景更新算法

4.2.1 CBM对微动目标的失真分析

由于CBM每个码字要记录5个参数，需要占用较大内存空间，空间复杂度较高，而且对这些参数的统计较为复杂，对于图像数据来说时间复杂度高。另外，监控场景是不断变化的，存在很多的外因干扰，因此，在背景模型建立好后要对背景进行更新以适应场景的变化。CBM背景更新中需要建立前景码书，根据分布特征分离出背景码字和前景码字，对属于不同组的码字还要实时地更新相关的参数，对于多余的码字还要精简，以减少系统的开销。

无论是传统CBM的背景更新方法，还是后来的一些改进算法，它们都是在时域上基于单个像素或像素块来研究的。这种基于像素时域分布的背景更新方式没能充分利用空域信息，不能准确区分出真正的背景变化。基于背景建模的背景差分目标检测算法是基于物体的运动信息，在运动信息不足时不能完整、准确地提取出目标。目前多数背景更新算法也存在当运动信息不足或只有目标物体局部运动信息时，不能准确检测的问题。如图 4.7 实验结果所示，一个小孩若身体有微变或只是移动了身体的某个部分，经过一段足够长的时间后小孩未动的身体部分则融入到背景里。而传统方法只检测到了运动的部分，前景目标失去了整体性，影响了后续图像处理的质量。

从图 4.7(c)可见，CBM 对微动目标的失真严重。以上失真情况的产生是由于背景更新过程中对背景的判定考虑不足，忽略了前景目标的空间整体性。针对以上问题，本书提出一种基于 CBM 的目标空间整体性背景更新算法，一方面通过对像素的时域信息进行分析，对 CBM 背景差分算法进行优化，快速完成目标检测和背景更新；另一方面，引入目标空间整体性信息来控制背景更新，提高信息利用率，改善动态目标检测效果，优化背景模型的适应能力。

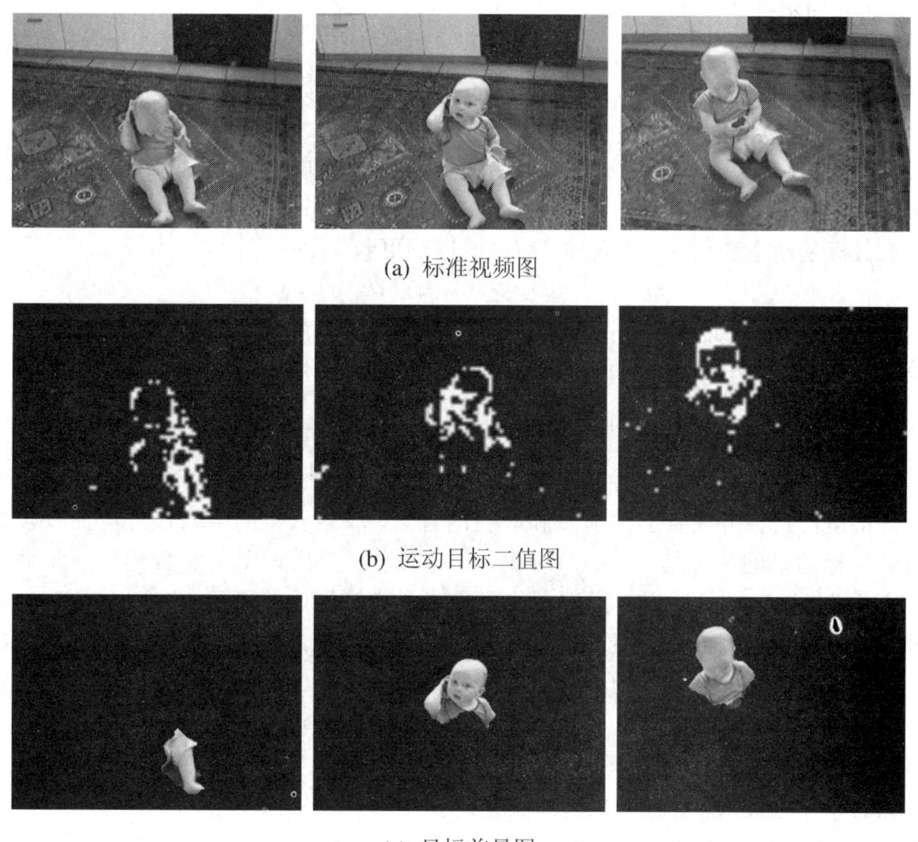

(a) 标准视频图

(b) 运动目标二值图

(c) 目标前景图

图 4.7　运动目标局部运动的检测图

通过对 CBM 背景差分算法的上述分析，并结合现有场景运动目标检测中存在的问题，CBM 还存在以下几点有待改进完善：

（1）码字的参数较多，处理时间长。前景码书更新时，往往需要遍历每一个前景码字，而且前景码字大部分都不是需要更新的背景，会影响检测实时性。

(2) 在检测过程中处理运动目标稀疏性时，需要单独处理每个像素，因此忽略了像素之间的联系和空间信息，没有引入目标整体性，无法很好地处理运动信息不足时运动目标微动情况下的有效检测。

针对上述第(2)点问题，若时间阈值取值过大，则背景更新速度变慢，背景模型不能快速进行变化反应从而导致动态目标误检。若时间阈值取值过小，更新速度快，将使运动速度较慢、面积较大、纹理较均匀的目标的一部分融入到背景中，造成动态目标的漏检。

4.2.2 基于CBM的目标空间整体性背景更新算法的提出

本书提出了基于CBM的目标空间整体性背景更新算法，该算法在传统CBM模型的基础上加入了运动目标空间整体性信息，通过对运动目标的分析，提取出运动目标空间信息。首先，将CBM中的码字个数根据处理场景的不同设置为固定值，当码字个数超出码长时根据统计信息把最后的码字用新码字替换；其次，在目标检测完成后对目标物体进行标记，目标的空间统计信息 $D_i(t)$ 为

$$D_i(t) = \sum_{j=1}^{N} \delta[b_i(x_j) - i] \tag{4.25}$$

式中，i 表示目标物体个数，$b_i(x_j)$ 表示经过二值化后像素 x_j 的值，其范围是[0, i]，N 表示像素的个数，由目标大小决定。即先找到一个检测目标的中心，再求出以该目标为中心的最小矩形，矩形长宽分别为 m 和 n，那么 N 的大小就为 $m \times n$。

由于目标是动态变化的，需要对 $D_i(t)$ 值进行更新，即

$$D_i(t) = \sigma D_i(t-1) + (1-\sigma) D_i(t) \tag{4.26}$$

式中，σ 是设定的更新学习率，一般设为0.01～0.1。

最后，求第 i 个目标的空间信息变化率 ω_i：

$$\omega_i = \frac{|D_i(t) - D_i(t-1)|}{D_i(t) + D_i(t-1)} \tag{4.27}$$

因为运动目标的空间整体性信息是不断变化的，而背景的整体信息一般变化很少，所以有必要将运动目标分成真实的前景和潜在的背景。将所获得的空间信息与前一帧视频图像中相应目标的空间统计信息 $D_i(t)$ 对比，若差别较大，则说明运动目标是前景而不是背景，所以不能将该运动目标划归到潜在的背景中；若对比后差别不大，则运动目标很有可能是潜在的背景或已受到噪声的干扰，必须对该目标继续检测其空间统计信息，几帧之后再重复操作。对于只有局部运动的目标来说，在经过一段时间的背景更新时会将目标部分融入到背景中，但实际上该目标不属于背景，从整体性来看其还属于前景运动目标。所以在空间统计信息发生变化需要判别时，不应将这部分融入到背景，而应该将其看作成一个前景目标的整体来处理，如此一来可以有效地避免运动目标的漏检。

CBM背景更新时增加一个临时码书模型 H，称为前景码书，它有两个参数 T_{add} 和 T_{del}。T_{add} 表示运动目标融入背景的时间，T_{del} 表示背景移除运动目标的时间，这两个参数可根据具体场景来选择。当一个像素值的码字连续出现一段时间后(T_{add})就将该码字添加到背景模型中，背景模型中超过时间(T_{del})没有出现的码字，将从背景模型码字中删除。

4.2.3 基于CBM的目标空间整体性背景更新算法的步骤

经过上述分析，在给定相关参数和环境条件下，基于CBM的目标空间整体性背景更

新算法步骤如下：

步骤 1：建立背景码书模型 C，初始化背景码书为空集。

步骤 2：训练背景模型，方法根据上小节讲述，获得背景码书 MC。

步骤 3：读取视频帧，对任意输入像素 $X_i=(R_i, G_i, B_i)$，在背景中寻找与之相关匹配的码字。如果找到相匹配的码字。根据背景像素更新方法进行更新，见上节；如果没有匹配则暂时认为是前景目标。

步骤 4：将检测到的图像二值化，进行图像形态学处理，对检测到的目标进行标识。

步骤 5：根据式(4.25)和(4.27)计算目标空间统计信息 $D_i(t)$和变化率 ω_i。

步骤 6：如果没有前景码书，新建前景码书 H，并初始化。根据步骤 5 的计算结果将前景码字分为前景和潜在背景。

步骤 7：统计潜在背景的连续出现时间 T_{add}。

步骤 8：当 T_{add}大于设定阈值时，在前景码书中寻找匹配的码字，并按照步骤 2 中方式更新码字，若没有匹配的码字就增加一个新码字到前景码书中，码字的参数设置为：$\nu_i \leftarrow (R, G, B) aux_i \leftarrow \{I, I, 1, t-1, t, t\}$，$I=\sqrt{R^2+G^2+B^2}$。

步骤 9：将前景 H 中停留时间 $f_i \geqslant T_{\mathrm{add}}$的码字移入到背景中 MC。如下式所示：

$$MC \leftarrow MC \cup \{h_i \mid h_i \in H, f_i \geqslant T_{\mathrm{add}}\}$$

步骤 10：删除背景和前景中长时间没有访问的码字：

$$MC \leftarrow MC - \{c_i \mid c_i \in MC, \lambda_i \geqslant T_{\mathrm{add}}\}$$

$$H \leftarrow H - \{h_i \mid h_i \in H, \lambda_i \geqslant T_{\mathrm{add}}\}$$

步骤 11：从步骤 2 开始重复执行。

4.3 动态检测中的阴影去除

在动态目标检测过程中，阴影往往被理解为运动目标而检测出来，造成真实运动目标的形状发生改变，影响后续的识别工作。更为严重的是当同时出现多个运动目标时，容易发生相临物体的轮廓合并，严重影响了检测的性能。因此，基于视频序列中的快速阴影检测技术也逐渐成为了研究的热点。

去除阴影的方法大致分为两类：一类是基于模型的方法；另一类是基于特征属性的方法[93]。基于模型的方法是利用场景、运动目标轮廓以及光照条件的先验信息，建立阴影模型，并对 3D 运动目标的棱、线、角进行配准，该方法适用于特定的场景；基于特征属性的方法则是利用阴影本身的几何属性、亮度值、颜色等信息来标识阴影区域，其特点是适应于各类场景，对光照条件鲁棒性比较好，并且复杂度较低，这类方法是本书考虑的重点。

相比于灰度图像，彩色图像包含了更多的信息，大部分阴影检测算法也是在彩色图像上完成的。因此这里先介绍颜色空间的基本概念，然后介绍在 HSV 空间上的阴影去除技术。

4.3.1 颜色空间转换

RGB 颜色空间如图 4.8 所示。该模型基于笛卡尔坐标系，红色、绿色、蓝色位于立方体的 3 个角上，黑色位于原点，白色位于离原点最远的角上。任意一种颜色 C 是由 3 基色线性组合而成：

$$C = \alpha R + \beta G + \gamma B \tag{4.28}$$

该模型主要是面向硬件的，如显示器中通过发射出三种不同频率的电子波束，激发显示屏内侧覆盖着的红、绿、蓝磷光材料发出颜色。而这一模型并不适用于人眼对颜色的感知：在人眼中的约600～700万个锥状细胞中，有大约65％对红光敏感，33％对绿光敏感，只有2％对蓝光敏感[94]，所以RGB空间对颜色的区分能力较弱，在图像识别等领域应用较少。

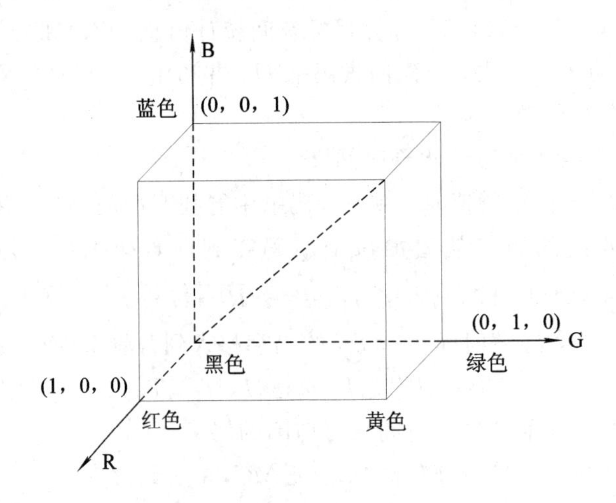

图4.8 RGB颜色空间示意图

HSV空间是以色调(Hue)，饱和度(Saturation)和亮度(Value)来表示颜色的。该模型是一个由圆柱坐标系产生的圆锥子集，如图4.9所示。色调是一种纯色属性的颜色属性，取值范围为0～360度，一般红色对应于0度，红、绿、蓝3种颜色分别间隔120度；饱和度是一种纯色被白光稀释的程度度量，取值为[0，1]，S=0时只有灰度，S=1时则表示该

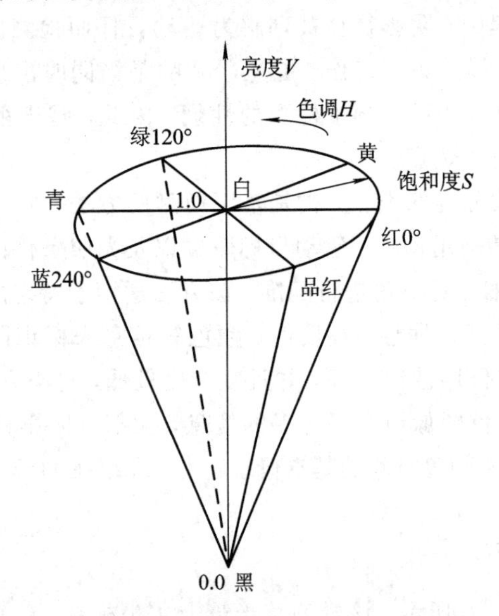

图4.9 HSV颜色空间示意图

颜色没有被白光稀释；亮度是一个主观的描述子，并不与实际的光照强度有直接的联系，当 $V=0$ 时，H、S 无意义，代表纯黑色。圆锥体顶面中心处 $S=0$，$V=1$，H 无意义，代表白色。

RGB 到 HSV 的转换公式如下：

$$\begin{cases} V = \max\{R, G, B\} \\ S = \begin{cases} (V - \min(R, G, B))/V, & V \neq 0 \\ 0, & \text{其他} \end{cases} \\ H = \begin{cases} 60(G-B)/(V - \min(R, G, B)), & V = R \\ 120 + 60(B-R)/(V - \min(R, G, B)), & V = G \\ 240 + 60(R-G)/(V -, \min(R, G, B)), & V = B \end{cases} \end{cases} \tag{4.29}$$

该颜色空间反映了人的视觉系统感知彩色的方式：使用一种纯色，通过增加白色或者黑色(调整饱和度和亮度)来得到自己想要的颜色。并且该空间有一个重要的特点：将表示颜色的部分(色度和饱和度)与亮度分开，这一点尤其适合在图像处理、目标识别中使用。

4.3.2 HSV 空间阴影去除

从本书关于阴影视频实验的结果分析得到，像素点颜色的亮度值发生了明显变化，主要是由于该像素点被阴影覆盖，饱和度变小，而色度没有较大变化。通过运动目标检测算法检测之后，分离出了该图像的两部分像素信息：一个是背景，另一个是运动目标。这时的运动目标是包括阴影轮廓。通过对运动目标的像素点与背景像素点相比，若亮度明显变小，而饱和度和色度没有明显的改变，那么就认为该点是阴影。依据这一原理，在 HSV 空间中有如下抑制阴影算法[95]：

$$\text{Shadow}(x, y) = \begin{cases} 1, & V_{\min} \leqslant \dfrac{I_V(x, y)}{B_V(x, y)} \leqslant V_{\max} \\ & \&\& \mid I_S(x, y) - B_S(x, y) \mid \leqslant T_S \\ & \&\& \mid I_H(x, y) - B_H(x, y) \mid \leqslant T_H \\ 0, & \text{其他} \end{cases} \tag{4.30}$$

式中，$I(x, y)$代表当前图像上的某一像素点(x, y)，$B(x, y)$代表与之对应的背景像素点，下标 V、S、H 分别代表该像素的亮度、饱和度、色度分量。T_H，T_S分别表示色度、饱和度分量的阈值。$V_{\min}$、$V_{\max}$则是与光照强度相关的参数，取值范围在 0 到 1 之间，当光线越强时，$V_{\min}$越低。

当具有理想的背景时，该方法有较好的检测效果。但是在视频监控中，背景往往不断变化，使得该方法难以应用。

(1) HSV 空间下的 CBM 训练过程[96]

在训练码书时，读取第一帧图像用当前像素的值初始化码书，如式(4.31)所示。

$$C_1 = [H_1, S_1, V_1, f_1] = [x_1, 1] = [h_1, s_1, v_1, 1] \tag{4.31}$$

对之后的每一帧图像上的像素点通过(4.32)式判断该像素值是否与码书中的码字匹配。

$$\text{colordist}(x_t, c_i) < \varepsilon \text{ 和 } \text{brightness}(x_t, c_i) = \text{true} \tag{4.32}$$

若有匹配的码字，则用当前像素更新该码字：

$$C_i = \left[\frac{H_i \times f_i + h}{f_i + 1}, \frac{S_i \times f_i + s}{f_i + 1}, \frac{V_i \times f_i + v}{f_i + 1}, f_i + 1\right] \tag{4.33}$$

若没有匹配的码字，则用当前像素 x_t 建立一个新的码字，并把它加入到码书中。

(2) 前景检测过程。

在文献[96]中，前景检测与码书的训练方法类似。对于新帧的每个像素，判断它是否属于码书的任意一个码字，如果属于，用当前像素更新码字，并将其判定为背景，否则判为前景。

4.3.3 基于 HSV 空间的码字分量平均算法

在上节 HSV 空间 CBM 的训练过程提示下，本书在更新码字时考虑了 H、S、V 各分量以及它们出现的频率等因素。因此，提出对运动目标(包含阴影)的每个像素的背景码书，计算其背景码字中的 H、S、V 分量的加权平均值，构成平均背景信息：

$$B_H(x, y) = \frac{\sum_{i=1}^{L} H_i \times f_i}{\sum_{i=1}^{L} f_i} \tag{4.34}$$

$$B_S(x, y) = \frac{\sum_{i=1}^{L} S_i \times f_i}{\sum_{i=1}^{L} f_i} \tag{4.35}$$

$$B_V(x, y) = \frac{\sum_{i=1}^{L} V_i \times f_i}{\sum_{i=1}^{L} f_i} \tag{4.36}$$

算法所得结果再依据(4.30)式可将前景与其动态阴影区分开来，提高前景检测动态目标识别率。

4.4 动态目标检测实验与分析

4.4.1 基于 CBM 的目标空间整体性背景更新实验分析

在实验中使用真实环境下拍摄的视频序列和 IEEE 跟踪与监控性能评估(PETS)标准视频对所提算法性能进行了测试。这些视频包括背景扰动、缓慢目标移动、背景物体移入移出、局部运动或运动信息不足等复杂信息。实验测试平台为：CPU 酷睿双核 1.73 GHz，DDR3 2 GB 内存。实验背景训练使用 200 帧进行 CBM 的背景构建。

1. 背景存在扰动的情况

视频 1 为室外环境中，背景有树木来回晃动干扰的情况下，对运动目标进行检测的实验视频，由于干扰的存在会将部分背景检测为前景。图 4.10 中是传统 CBM 算法和文献

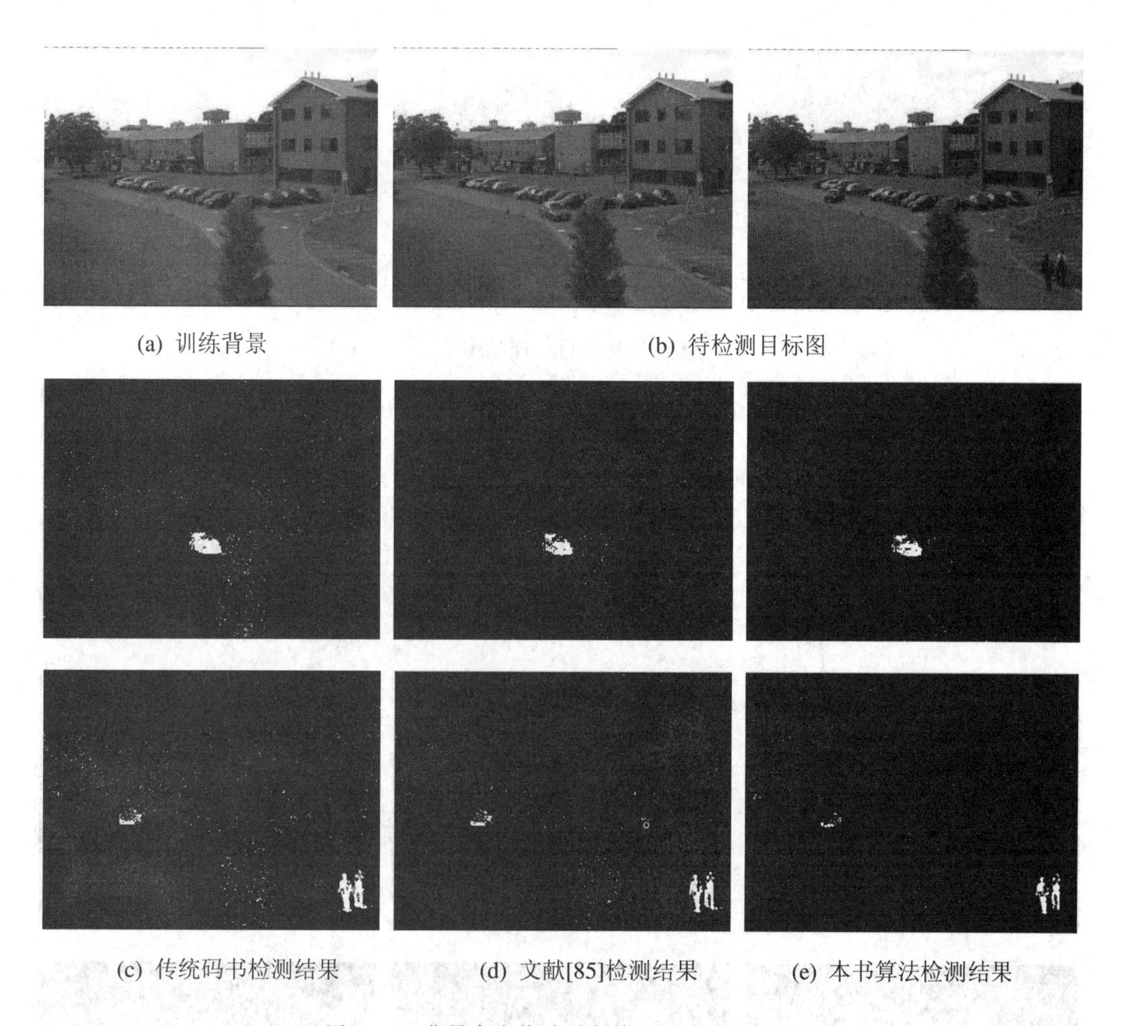

图 4.10　背景存在扰动时各算法的检测结果图

[85]中算法以及本书所提算法的检测结果，图像大小为 288×384×3，其中既有车辆的检测也有行人的检测。图 4.10 中(a)为目标检测过程中背景训练时的背景模型，(b)是待检测的目标图像，是从视频中随意选取的两帧，(c)到(e)是三种算法的检测结果，由图中可以看出传统 CBM 的性能不如文献[85]，本书所提算法性能要优于文献[85]算法，特别是在处理背景干扰物时有更好的效果。

2. 光照缓慢变化的情况

监控场景中光线的变化对目标的检测有较大的影响，所以要求算法能够自适应地融合光线缓慢变化的能力，视频 2 是场景光照缓慢变化的过程。图 4.11 给出的是三种算法在光照缓慢变化场景中的检测结果。当场景光线由阴暗转化为较亮时，三种算法都能很好地处理光照的变化，相比本书算法性能要稍好于传统 CBM 和文献[85]算法。图 4.11 中第一行是视频中选取的待检测图像，第二行是光线较暗时场景中车辆的检测，第三行是光线由暗缓慢变亮时场景中车辆和行人的检测，第四行的场景光线变得更加明亮，而且局部有太阳照射。

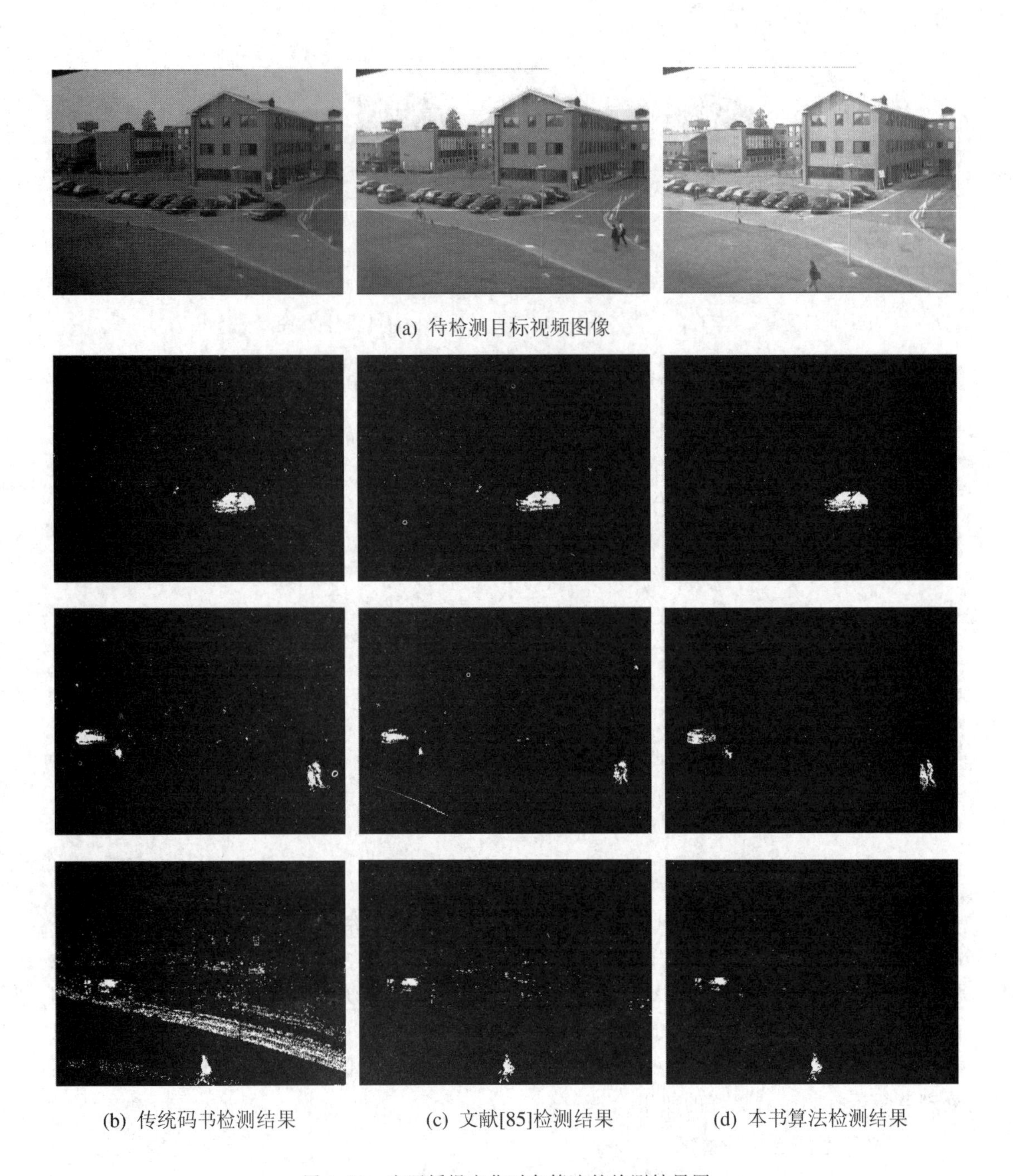

图 4.11　光照缓慢变化时各算法的检测结果图

3. 背景中物体的移入移出

物体的移入移出将对背景产生很大影响，所以需要对背景进行及时更新，传统的算法将一个物体融入背景会耗费 1.5～2 倍的 T_{add}时间。在一些场景中，如果利用时间阈值去判断是否将融入的新物体作为背景，将会出现错误的判断，如图 4.12 中，车辆在行驶的过程中速度非常缓慢，并且在调整的时候还有短暂的停留，车辆本身的纹理非常相似，在检测的过程中会出现空洞的现象，有部分车身融入到背景中，可以通过提高时间的阈值来解决这个问题，但是这样会影响检测的效果。图 4.13 描述了视频 3 从第 1 帧到 800 帧物体融入背景的过程，通过对比可以看到图 4.13(e)相比于(d)，能够更好地解决问题，在处理目标检测的同时提高了融入检测的速度，很好地完成了背景的更新。

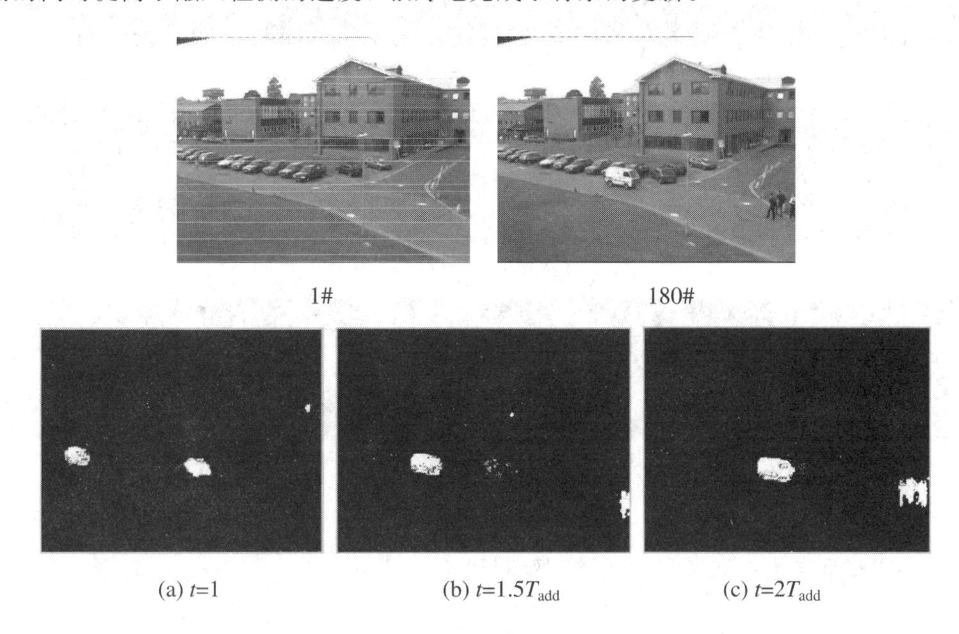

图 4.12　目标融入背景(T_{add}＝50)实验结果图

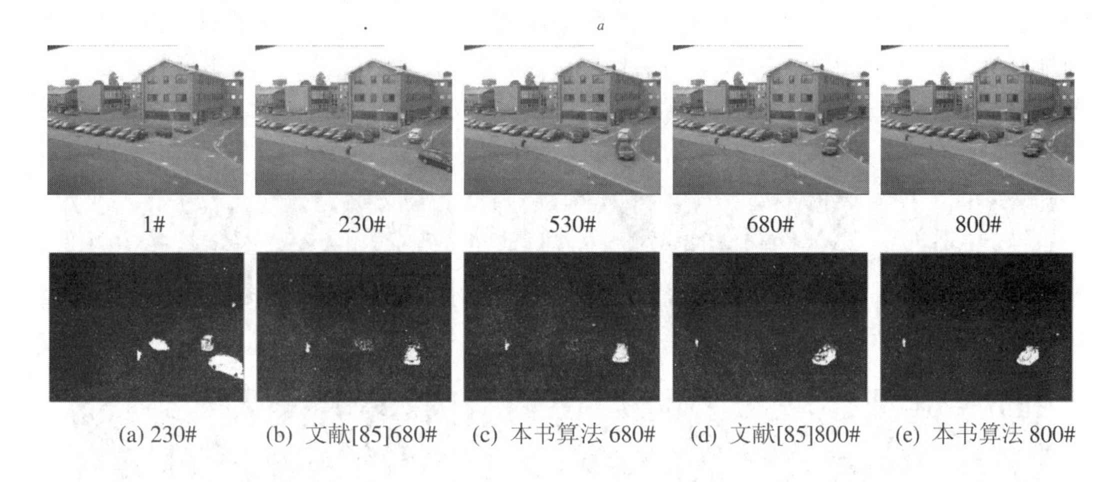

图 4.13　背景中物体移入移出时(T_{add}＝300，背景训练 200＃)实验结果图

4. 运动目标信息不足或目标微动条件下的背景更新

在视频 4 中，实验室中的两个人进入场景后只有上半身在运动，而且运动状态不连续，只在一个小范围内活动。在传统的 CBM 和文献[85]在检测时都出现了一段时间后只能检测目标局部的现象，这是由于将部分动态目标融入背景中，而应用本书算法可以在背景更新时，利用物体的空间整体性解决这类问题，图 4.14 是本书算法和文献[85]算法的检测结果。从实验结果表明，本书的算法能更好地处理运动目标信息或目标微动情况下的背景更新。

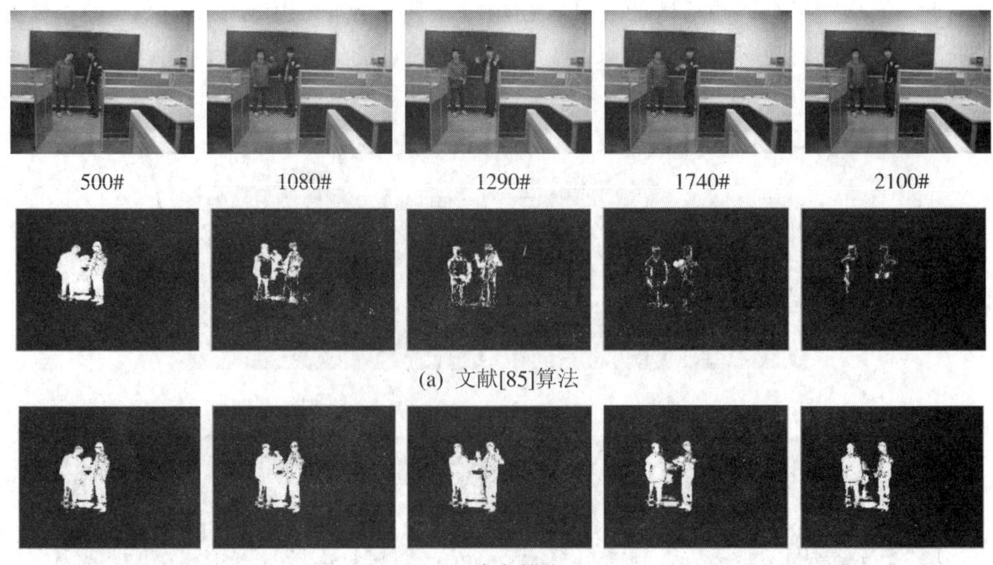

(a) 文献[85]算法

(b) 本书算法

图 4.14　运动信息不足时($T_{\mathrm{add}}=500$，b 中没有去除阴影，a 中阴影慢慢融入背景)实验结果图

5. 某煤矿变电所内矿工局部运动实验对比

煤矿井下工作环境更加复杂，照度不均、受噪声影响较大。为了验证本书所提算法在工矿企业的实际检测效果，实验小组获得了一段某煤矿井下北区变电所的动态视频。视频中一名矿工出现在第 600 帧，之后一段时间内这名矿工一直处于上半身微动状态，随着时间推移到了第 1425 帧时文献算法已将此矿工大部分身体融入了背景，而本书算法也受一些影响，出现了动态目标检测不清晰等问题，但总体检测效果良好。因该视频拍摄环境等因素，本实验并没有考虑阴影产生的干扰。实验结果如图 4.15 所示。

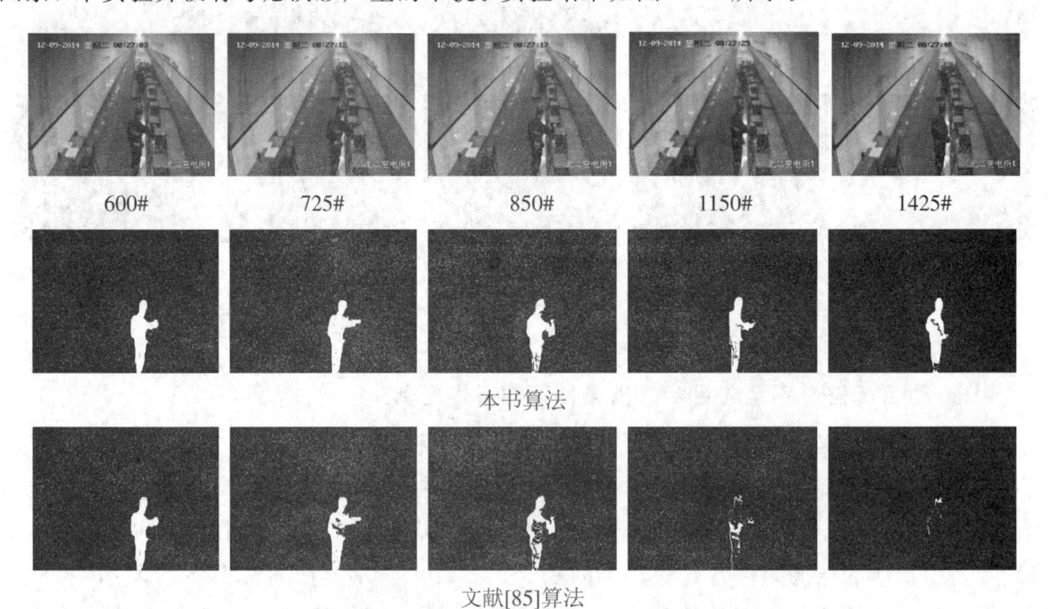

本书算法

文献[85]算法

图 4.15　矿工局部运动时实验结果图

6. 目标检测性能对比

为了得到一个有效的评估，并以此作为检测实验的参考依据。所得实验数据都使用相同的视频资料以及预处理和后处理方式，这里通过检测的误检率(Er)以及漏检率(Ms)来分析比较检测的性能：

$$误检率(Er)=\frac{算法错误检测到的前景点数目}{真实值中前景点数目} \tag{4.37}$$

$$漏检率(Ms)=\frac{算法没有检测出的前景点数目}{真实值中前景点数目} \tag{4.38}$$

误检率和漏检率的值越低，表明算法的有效性越好，两者相互制约，降低误检率可能会导致漏检率的上升。表4.1是从视频1、视频2和视频4中待检测的图像帧中，分别提取两帧的检测结果统计。由表4.1可以看出，本书算法的误检率较低，而漏检率与文[85]相近，说明本书算法融合干扰信息的能力较强，但检测的灵敏度不够高。抽样1、2的误检率较高，主要是因为背景中存在干扰，需要一定的融合时间。抽样3、4传统码书误检率较高，原因是对于光照的突变不能及时自适应调整，检测目标与背景相似度较高导致整体的漏检率都较高。在抽样5、6中，开始时误检率较高是由于人的阴影干扰，随着背景的融入都出现降低。在抽样6中，传统码书和文献[85]均出现了漏检率，主要是它们只检测到运动部分，将目标运动稀疏的部分融入到背景中。本书的误检率、漏检率都比较平稳，在运动信息不足时也能很好地处理，而传统码书数据的波动比较大。

表4.1　实验检测结果统计表

抽样	传统码书		文献[85]		本书算法	
	误检率	漏检率	误检率	漏检率	误检率	漏检率
1	0.1327	0.0357	0.0893	0.0413	0.0326	0.0387
2	0.1809	0.0743	0.1073	0.0827	0.0451	0.0815
3	0.0988	0.0347	0.0562	0.0675	0.0216	0.0409
4	0.4782	0.0214	0.1207	0.0289	0.0508	0.0253
5	0.1076	0.0658	0.1357	0.0783	0.1552	0.0316
6	0.0356	0.6368	0.0289	0.6159	0.0309	0.0582

7. 不同场景的性能分析

在不同场景的多组视频图像中，对检测过程中算法的性能和出现的问题进行统计分析。由于场景的不同，视频图像中运动目标的大小存在差异，无法进行精确的时间统计，只能通过帧数进行统计，以此获得算法所用的时间。视频帧率是25帧/秒，统计结果如表4.2所示。

表4.2　本书检测算法部分性能指标

性能参数	最大值	最小值	平均值	单位
背景干扰误检适应及消除时间	28	3	8	帧
目标静止后融入背景的时间	30	12	18	帧
背景光照变化的适应时间	10	2	5	帧
平均码字个数	2.38	1.22	1.69	个
算法处理速度	42	23	31	帧/秒

4.4.2　基于 HSV 空间的码字分量平均算法实验分析

在进行去阴影检测实验中，通过开源计算视觉库 OpenCV 实现了 MoG、RGB 颜色空间下的 CBM、HSV 下的 CBM，并与本书所研究算法进行了实验对比。实验视频来自标准测试视频库，实验相关参数如表 4.3 所示。

表 4.3　阴影检测实验参数表

MoG	混合模型个数		5
	学习速率		0.01
	背景门限		0.7
CBM	RGB 模型参数	colorDist	50
		α	0.7
		β	1.3
	HSV 模型参数	colorDist	50
		V_ε	0.1
	阴影去除参数	T_H	40
		T_S	40
		V_{max}	0.9
		V_{min}	0.2

从图 4.16 可以得出，虽然同属于码书模型(CBM)框架，但 RGB 空间下的 CBM 算法

(a) 视频第 716 帧

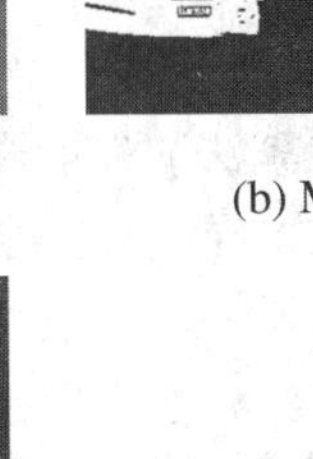

(b) MoG 检测结果

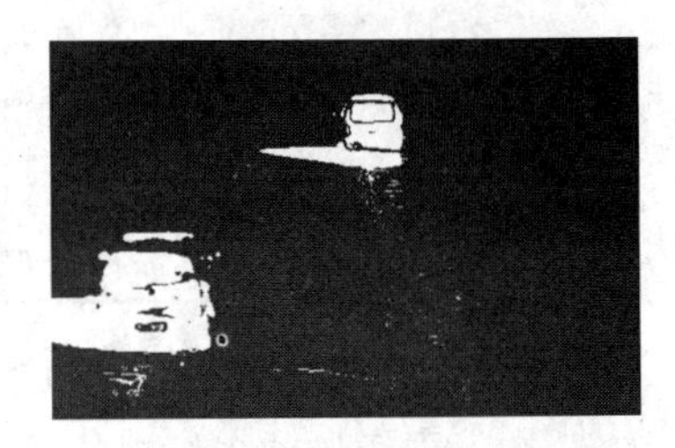

(c) RGB 下 CBM 检测结果

(d) HSV 下 CBM 检测结果

(e) 本书算法检测结果

图 4.16　第 716 帧视频及检测结果

区分度不强，当检测视频与训练模型的背景光照强度相似(这里通过训练帧和检测帧的间隔来定性衡量)时，检测效果相对较好。但是，随着时间的推移，待检测帧与训练帧的光照强度发生一定变化时，误检的像素点就会明显增多，实验结果如图 4.17 和图 4.18 所示。而 HSV 空间下的 CBM 由于单独考虑了亮度分量，所以性能明显优于 RGB 空间下的 CBM。

(a) 视频第 783 帧

(b) MoG 检测结果

(c) RGB 下 CBM 检测结果

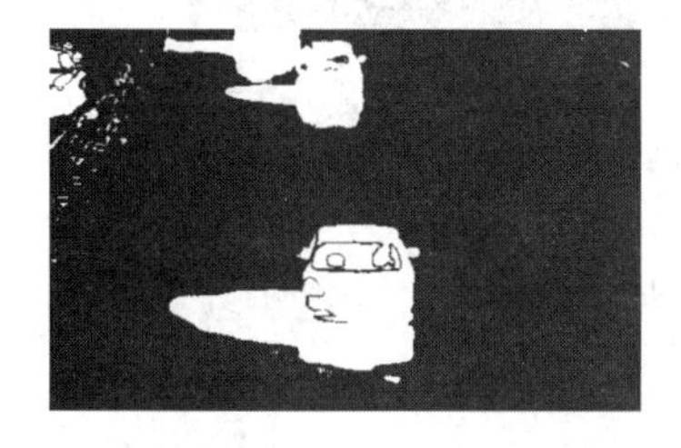

(d) HSV 下 CBM 检测结果

(e) 本书算法检测结果

图 4.17　第 783 帧检测结果

(a) 视频第 999 帧

(b) MoG 检测结果

(c) RGB 下 CBM 检测结果

(d) HSV 下 CBM 检测结果

(e) 本书算法检测结果

图 4.18　第 999 帧检测结果

MoG、RGB 空间下的 CBM、HSV 空间下的 CBM 在前景检测时，都没有很好地处理阴影，出现大片的阴影被误检为运动目标。本书算法则在前景检测时对这一问题加以修正，在保留原运动目标轮廓的基础上，显著的抑制了阴影的影响，如图 4.19 所示。

(a) 视频第 1076 帧

(b) MoG 检测结果

(c) RGB 下 CBM 检测结果

(d) HSV 下 CBM 检测结果

(e) 本书算法检测结果

图 4.19　第 1076 帧检测结果

这里采用较常用的两个参数来分析去除阴影检测算法的性能，并评估上述实验中去除阴影的效果。分别是：目标识别率 ξ 和阴影检测率 η，参数定义为[97]

$$\xi=\frac{TP_T}{TP_T+FN_T},\quad \eta=\frac{TP_S}{TP_S+FN_S} \tag{4.39}$$

其中，TP_T 表示正确检测的目标像素的数目，TP_S 表示阴影像素的数目，FN_T 表示错误识别的目标像素的数目，FN_S 表示阴影像素的数目。实验对图 4.16～4.19 中的视频图像的检测结果进行定量分析，结果如表 4.4 所示。MoG 方法的阴影检测效果较差，相比 MoG 方法，基于 RGB 的方法性能有一定的提高，HSV 下 CBM 检测法效果更好一些。本书所提算法则具有较好的目标识别率和阴影检测率，能够满足不同场景的处理需求。

表 4.4　几种阴影检测算法性能对比

高速路视频帧	MoG 方法		RGB 方法		*HSV* 码书法		本书方法	
	ξ	η	ξ	η	ξ	η	ξ	η
716 帧	64.4	63.1	67.5	66.3	72.6	70.9	77.5	79.5
783 帧	66.3	64.9	71.2	70.6	77.9	75.1	81.6	83.2
999 帧	76.1	75.4	79.8	78.4	82.1	80.0	86.9	88.3
1076 帧	77.4	76.5	77.3	76.1	81.9	79.9	87.1	89.6

4.5　小　　结

为了提高视频动态目标检测的可靠性以及排除光照阴影对检测的影响，本章在研究相关文献的基础上提出了相应改进算法。主要内容包括：

(1) 分析了目前几种常见的运动目标检测算法的原理。在此基础上研究了 CBM 背景建模算法。通过分析 CBM 的不足以及模型处理运动信息不足时出现“局部检测”问题。本章在运动目标检测过程中引入了空间统计信息，并利用目标的空间整体性判断出前景和背景。提出了基于 CBM 的目标空间整体性背景更新算法，并进行了相关实验。实验结果表明，本章算法在干扰情况、缓慢移动、光照变化等复杂场景中，均有较好的检测效果，在处理运动信息不足和目标移入移出背景更新时也可以快速适应背景变化，并能明显降低在运动信息不足时产生的目标误判，同时保证目标检测的完整性。

（2）研究发现在 RGB 空间下使用 CBM 存在着不足以及 HSV 空间的特有优势，通过 RGB 到 HSV 空间的转换关系，在前景检测算法中加权平均背景改进前景检测流程，提出了基于 HSV 空间的码字分量平均算法。标准视频实验验证，本章算法可以较好的抑制阴影对前景运动目标的影响。

第 5 章　遗留物的检测

在视频监测系统中，但要精确判定遗留物，受两方面指标约束遗留物检测技术及其在排查可疑物对公共安全等方面的作用受到了学者们的广泛关注。一方面，现实环境受噪声影响大、光照不均以及兴趣区域检测目标要求较高；另一方面，检测实时性的要求。

遗留物检测算法大致分为两类：一类是基于跟踪的方法；另一类是基于检测的方法。基于跟踪的方法受算法复杂度的限制，不适用于背景复杂、光照不均等场合。而基于检测的方法往往使用多层背景模型，通过控制模型的更新速度来判定遗留物，并需要其他辅助算法来排除遗留物被重新移动后产生的“鬼影”影响。针对以上问题，本书提出一种基于历史像素稳定度的遗留物检测算法，该算法在运动目标检测的基础上，对不属于背景码书的像素点记录其之前若干帧像素的信息，构成历史像素集，并通过统计当前像素与历史像素集的匹配程度来判决该像素点是否稳定，进而判断是否存在遗留物。

5.1　动态目标检测算法在遗留物检测中的不足

在第 4 章中通过几种背景模型的介绍详细研究了运动目标检测相关算法。运动目标检测算法是否可在遗留物检测方面继续应用呢？带着这个疑问本章进行了实验验证。

图 5.1 和图 5.2 分别是一段作者自拍视频的第 256 帧和第 353 帧的图像，从左到右分别是原始视频、MoG 检测结果、CBM 检测结果。从图 5.1 可以得到，MoG、CBM 算法都能将运动目标检测出来，但均不能区分出遗留物。如图 5.2 所示，在 MoG 中随着背景的更新，遗留物所在像素点的权值会不断增大，方差会不断减小，优先级逐步上升，最终被 MoG 更新为背景。而对于 CBM，由于遗留物始终不属于背景码书，所以会被保留。

(a) 视频第 256 帧

(b) MoG 检测结果

(c) CBM 检测结果

图 5.1　第 256 帧视频及检测结果

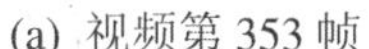
(a) 视频第 353 帧

(b) MoG 检测结果

(c) CBM 检测结果

图 5.2　第 353 帧视频及检测结果

5.2　基于双背景模型的遗留物检测算法分析

基于双背景的算法模型[64]是建立在 MoG 基础上的。基本思想是建立一个参考背景模型，通过参考模型与背景模型分布之间的差异来判定一个像素点是否为遗留物。

在背景训练完成后，使用 MoG 中权值最大的前 m 个高斯分布来初始化参考背景模型：

$$\eta_{\mathrm{REF}}(X_t,\ \mu_{k,t},\ \Sigma_{k,t}) = \eta(X_t,\ \mu_{k,t},\ \Sigma_{k,t}),\quad k=1,\ \cdots,\ m \tag{5.1}$$

式中，$\eta_{\mathrm{REF}}(X_t,\ \mu_{k,t},\ \Sigma_{k,t})$ 是 t 时刻参考背景模型中的第 k 个高斯分布。$\eta(X_t,\ \mu_{k,t},\ \Sigma_{k,t})$ 是 MoG 中在时刻 t 的第 k 个单高斯分布。

该参考模型的特点是，只有均值和方差，不考虑权值。参考背景模型的更新方法也比较简单：仅仅判断新来的像素是否与该模型中的某一个高斯分布匹配。如果匹配，则更新该分布，即

$$\begin{aligned}\mu_t &= (1-\rho)\mu_{t-1} + \rho X_t \\ \sigma_t^2 &= (1-\rho)\sigma_{t-1}^2 + \rho(X_t-\mu_t)^T(X_t-\mu_t)\end{aligned} \tag{5.2}$$

随着遗留物长时间停留在背景中，该遗留物所对应像素点高斯分布的方差逐渐减小，权值逐渐增大，优先级逐步提高，最终判为背景。但是该像素点却在参考模型中始终得不到匹配，不会被更新。可以通过式(5.3)判断 MoG 中权值最大的分布是否属于参考背景模型来判断该点是否为遗留物。如果属于，则判为非遗留物，否则判为遗留物，即

$$\mathrm{abandonObjected} = \begin{cases}\mathrm{true}, & \mu_{\max,t} - \mu_k \mid \times \Sigma_{k,t}^{-1/2} < T,\ k=1,\ 2,\ \cdots,\ m \\ \mathrm{false}, & 其他\end{cases} \tag{5.3}$$

当场景中静止的遗留物被移走时，则会因为背景模型无法及时将原遗留物像素点所对应的高斯混合模型更新，导致背景模型中仍然存在遗留物像素点所对应的单高斯分布，再与参考背景进行比较时满足式(5.3)，进而检测出遗留物，这种现象被称为“鬼影”。

为了消除这种现象，还需要附加以下算法加以修正：对于判定为遗留物的像素点，再判断它与参考背景模型中的每个单高斯分布的相似程度，判断准则参照式(4.13)。如果与某个参考背景模型相似，则选择最相似的参考背景模型来替换高斯混合模型中权值最大的高斯分布，从而达到快速更新背景模型，去除“鬼影”现象。

5.3　基于历史像素稳定度的遗留物检测算法

5.3.1　算法提出的依据

本书所提算法是从另一个角度出发来思考遗留物检测问题。在上述小节的讨论中可以得到，CBM 始终不会将遗留物更新为背景。因此，只需要在运动目标检测时抑制运动目标像素点即可。实验统计了一段视频中放置遗留物的像素点和运动目标经过的像素点的灰度值分布情况。图 5.3 是其中的 3 帧典型状态。为了便于说明，图中人为地增加了两个小圆圈，其中上圆的圆心为(120，150)，是这一段视频运动目标经过的像素点；而下圆的圆心为(120，173)，在这一段视频中会被遗留物覆盖。

(a) 第 340 帧

(b) 第 355 帧

(c) 第 390 帧

图 5.3　运动目标与遗留物对应像素点示意图

为简单起见，统计这组图像中这两个点的灰度值，结果分别如图 5.4 和图 5.5 所示。

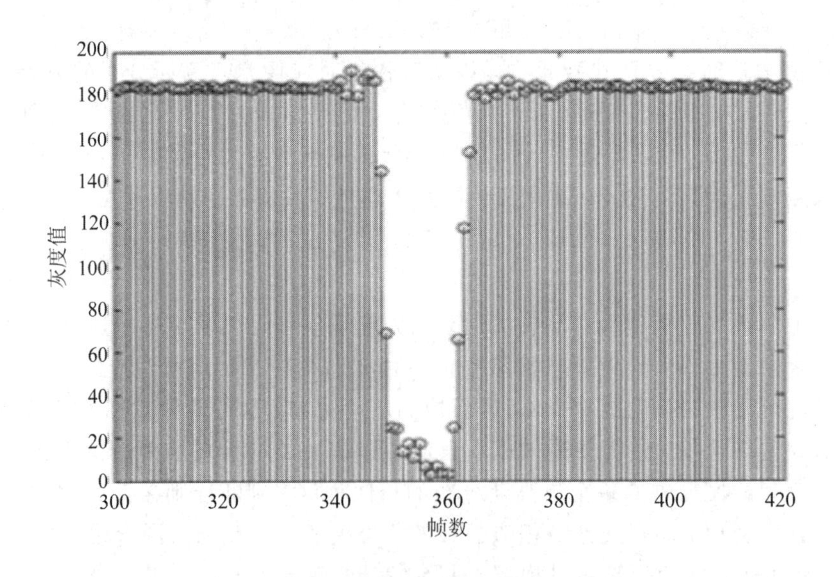

图 5.4　运动目标对应点的像素灰度分布图

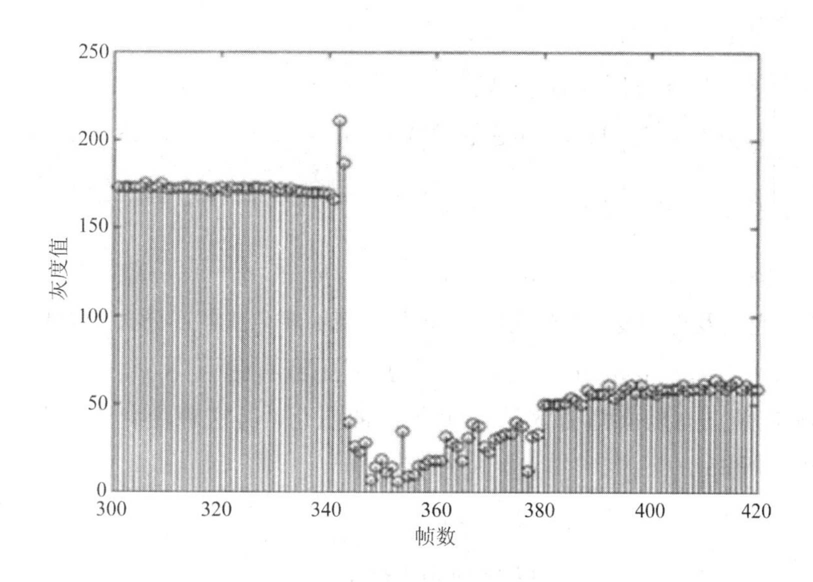

图 5.5　遗留物对应点的像素灰度分布图

通过实验对比可以得到：

① 图 5.3 中上圆的像素点在运动目标没有经过时，像素值保持比较稳定，大约为 180；当出现运动目标时，像素值会发生显著的改变；但当运动目标离开后，又会恢复之前的灰度值，如图 5.4 所示。

② 对于图 5.3 中下圆的像素点，遗留物到来之前的灰度值也比较稳定，大约为 170；但当遗留物被放置后，灰度值迅速稳定到另一个状态，大约在 50，如图 5.5 所示。

综上可知，相比于运动目标，遗留物像素点更加稳定，本书算法正是利用这一属性来进行运动目标和遗留物的区分。

5.3.2　算法步骤

在第 4 章中，分析了 RGB 空间到 HSV 空间的转换关系。在 HSV 空间下设每个码字 c_i 精简为 4 个元素：$c_i=[\overline{H_i}, \overline{S_i}, \overline{V_i}, f_i]$。其中 $\overline{H_i}$，$\overline{S_i}$，$\overline{V_i}$ 表示码字的色调、饱和度以及亮度值，f_i 表示码字出现的频率。在训练码书时，通过颜色扭曲度 colordist(x_t, c_i)和亮度范围 brightness(x_t, c_i)来判断当前像素 $x_t=(H_t, S_t, V_t)$ 和码字中的 $c_i=(\overline{H_i}, \overline{S_i}, \overline{V_i})$ 之间颜色差异程度，并判定是否属于该码字。

通过以上分析，可以对 CBM 中不属于背景模型的点，统计它们与之前若干帧内该点像素的相似程度来判断该像素是否稳定，如果稳定，则判为遗留物。

具体步骤如下：

步骤 1：背景建模阶段，与 CBM 相同。

步骤 2：前景检测阶段，对于不属于背景码书的像素并不直接判为前景，而是将这个像素加入到一个历史像素集中，该像素集记录了每个像素点之前的 m 帧的 H、S、V 数据。

步骤 3 ：对于新一帧图像的每个像素，通过式(5.5)和式(5.8)计算它是否与历史像素集中的每个像素匹配，推导过程如下：

$$\begin{cases}\| x_t \|^2 = H_t^2 + S_t^2 + V_t^2 \\ \| c_i \|^2 = \overline{H_i}^2 + \overline{S_i}^2 + \overline{V_i}^2 \\ \langle x_t, c_i \rangle^2 = (H_t \overline{H_i} + S_t \overline{S_i} + V_t \overline{V_i})^2 \\ P^2 = \| x_t \|^2 \cos^2\theta = \| x_t \|^2 \times \dfrac{\langle x_t, c_i \rangle^2}{\| x_t \|^2 \times \| c_i \|^2} = \dfrac{\langle x_t, c_i \rangle^2}{\| c_i \|^2} \\ \text{colordist}(x_t, c_i) = \delta = \sqrt{\| x_t \|^2 - p^2}\end{cases} \tag{5.4}$$

因仅考虑色度及饱和度，由公式(5.4)推导出新的颜色扭曲度公式，如式(5.5)所示。

$$\text{colordist}(x_t, c_i) = \sqrt{(H_i - H_t)^2 - (S_i - S_t)^2} \tag{5.5}$$

考虑到背景点亮度会随着光照产生一定的变化，而这种变化应该是在一个范围$[I_{\text{low}}, I_{\text{hi}}]$内，其中：

$$\begin{cases}I_{\text{low}} = \alpha \hat{I}_i \\ I_{\text{hi}} = \min\{\beta \hat{I}_i, \check{I}_i / \alpha\}\end{cases} \tag{5.6}$$

式中，$\alpha<1$，$\beta>1$。典型的α取值为0.4到0.7之间，β取值为1.1到1.5之间。α越大，则整个亮度边界越窄，α越小，则亮度边界越宽；β则是考虑了阴影的影响。

因此，可以通过下式来判断亮度变化是否过于激烈：

$$\text{brightness}(x_t, c_i) = \begin{cases}\text{true} & I_{\text{low}} \leqslant \| x_t \| \leqslant I_{\text{hi}} \\ \text{false} & \text{其他}\end{cases} \tag{5.7}$$

这里仅考虑亮度变化，式(5.7)可写成

$$\text{brightness}(x_t, c_i) = \begin{cases}\text{true} & I_{\text{low}} \leqslant \| v_t \| \leqslant I_{\text{hi}} \\ \text{false} & \text{其他}\end{cases} \tag{5.8}$$

式中，$I_{\text{low}}=(1-V_\varepsilon)V_i$，$I_{\text{hi}}=(1+V_\varepsilon)V_i$，$V_\varepsilon$是设定的亮度范围控制阈值。

步骤4：经过反复实验，并计算总的匹配次数k。本书定义历史像素集稳定度为

$$S = \frac{k}{m} \tag{5.9}$$

如果S大于某个门限$T(0<T<1)$，则说明这个不属于背景的像素在近一段时间内比较稳定，应判为遗留物。否则应判为非遗留物，即

$$\text{abandonObjected} = \begin{cases}\text{true} & S > T \\ \text{false} & \text{其他}\end{cases} \tag{5.10}$$

当T取值越接近于1时，会有更多遗留物点，因为匹配次数不够而使S小于门限，进而像素点被判为非遗留物，这将增加遗留物的漏检概率，但也更好地抑制了运动缓慢，或者暂时静止的物体的错检概率。反之，当T取值越接近0时，会有更多的像素点满足匹配条件而被判为遗留物，减少了遗留物的漏检概率，增加了非遗留物点的错检概率。

在计算完稳定度后，将像素集中距离当前时间点最远的像素信息(H、S、V值)从历史像素集中删除，并将当前时刻像素的H、S、V值加入到历史像素集。算法流程图，如图5.6所示。

一般的背景点像素会因为属于背景模型而被判为非遗留物。对于出现运动目标的像素

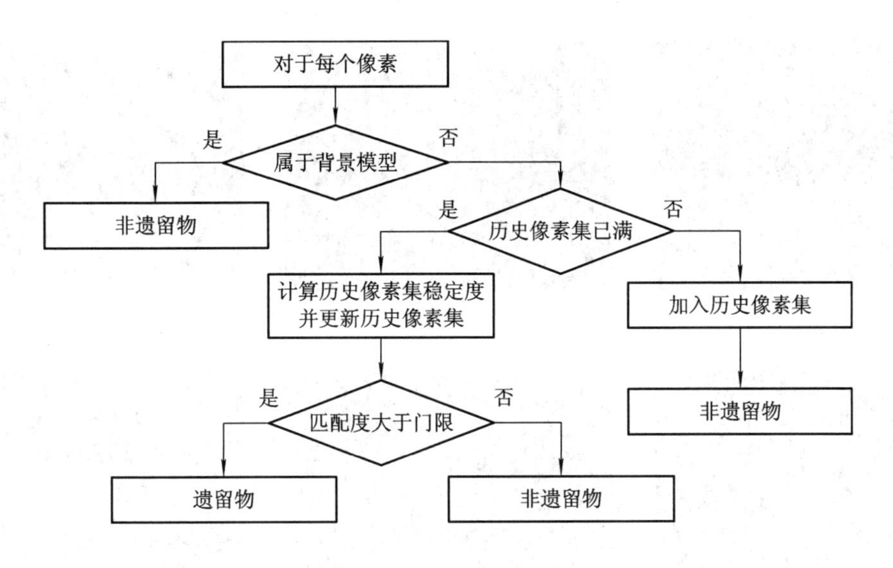

图 5.6　遗留物检测算法流程图

点，虽然不属于背景模型，但是在此期间像素值变化剧烈，无法满足历史像素稳定度的要求也会被判为非遗留物。只有遗留物对应的像素点，既不属于背景模型，又相对比较稳定，满足历史像素集稳定度的要求才能被判为遗留物。

5.4　遗留物检测实验与分析

为说明本书算法的有效性，在学习文献[64]的基础上，将本书算法与文献中所提算法进行了对比。文献[64]作者杨涛等学者所提多层背景模型算法内容新颖、思路清晰，遗留物检测基本参数与运动目标检测章节基本相同，遗留物检测相关参数为：历史像素集长度 50、稳定度门限为 0.75。

实验所用视频为作者自行录制，分辨率均为 320×240。为了验证相关算法的鲁棒性，视频选择的环境较为复杂。该视频中，遗留物在第 388 帧出现，本书算法在第 408 帧即可检测出遗留物，文献[64]算法在第 683 帧检测出遗留物的轮廓。当遗留物在第 1227 帧被移走后，本书算法在第 1306 帧即可排除遗留物的“鬼影”，文献[64]算法在第 1494 帧才能排除遗留物的“鬼影”现象，检测结果如图 5.7 所示。

检测性能对比如表 5.1 所示。

表 5.1　复杂场景下遗留物检测时间性能对比表

算法	遗留物放置帧	检出遗留物帧	遗留物被拿起帧	鬼影消失帧
文献[64]算法	388	683	1227	1494
本书算法	388	408	1227	1306

由此可见，相比于文献中的多层背景模型算法，本书算法不论是检测遗留物，还是在遗留物被移动以后去除“鬼影”的速度上都有一定的优势。检测同时应该注意视频的选择，

图 5.7　复杂场景下的遗留物检测效果图

本实验视频来自本书作者自行录制，比较性并不强。以上实验数据仅供学者参考。

5.5　小　　结

为了防止危险区域、公共场所可能出现不被允许的遗留物，以及出现遗留物后如何进行实时、可靠的检测，本章提出了一种基于历史像素稳定度的遗留物检测算法，主要内容包括：

（1）分析了传统运动目标检测算法在遗留物检测时的不足，详细研究了一种典型的多层背景遗留物检测算法。

（2）通过对比遗留物像素点和运动目标像素点对应像素值的分布特征，提出了基于历史像素稳定度的遗留物检测算法。并与基于双背景模型的遗留物检测算法在自录视频中进行了对比。

第 6 章　动态目标的跟踪

目标跟踪技术经过多年的研究，目前已经提出了许多算法。运动目标跟踪中主要的工作包括两部分：① 选择好的目标表达方式和采取实用快速的搜索算法；② 状态空间分析与数据关联。按照目标跟踪方式可以将跟踪表示为自低向上的方法和自顶向下的方法。自低而上的方法特点在于直接获得图像序列中目标的相关信息，不依赖先验知识，并根据目标外在特征构建目标模型。一般按照目标表示—匹配—定位—更新—匹配来完成目标的跟踪。在目标表示时，将选择最能表达目标的方式描述目标。在匹配时可以根据前一帧目标的位置来预测可能的区域，在该区域内进行搜索最大匹配特征，在匹配完成后根据结果寻找目标位置，完成目标定位。环境的变化和目标自身的改变要求必须对目标模型进行更新，模型的更新有助于跟踪的持续进行。自顶向下的方法主要处理目标的动态特性，寻找目标在图像中的位置信息，根据不同的假设建立系统模型。在实际的跟踪过程中，将这两部分有效地结合起来可以提高跟踪的准确性和可靠性。

本章在对文献分析的基础上，引入多特征加强对目标的描述表达，并使用基于多模式的跟踪方法，有效避免单一模型算法中的不足。本章在 Mean Shift 框架下提出一种基于多特征判定准则的目标跟踪融合算法，并结合 Kalman 滤波，对目标位置进行有效预测，减少目标搜索过程中迭代次数，提高跟踪的鲁棒性和准确性。

6.1　基于 Kalman 滤波器的跟踪算法分析

6.1.1　Kalman 滤波器原理

Kalman 滤波器[98]是由匈牙利数学家 Rudolf Emil Kalman 的名字来命名的。简单来说 Kalman 滤波器就是一种最优化自回归数据处理算法（optimal recursive data processing algorithm）。其本身计算简单，具有良好的鲁棒性，因此，广泛地应用到很多领域，如雷达跟踪系统、人机导航、控制以及计算机图像处理中的图像分割、检测跟踪等几乎所有的工程领域系统。Kalman 滤波器的数学模型是通过状态空间来描述，使用递归计算获得最优解，通常情况下 Kalman 滤波器是由系统状态模型和系统观测模型来描述，状态空间描述如下：

系统状态模型：

$$s(t) = \boldsymbol{A}(t-1)s(t-1) + w(t) \tag{6.1}$$

系统观测模型：

$$z(t) = \boldsymbol{H}(t)s(t) + v(t) \tag{6.2}$$

式中，$\boldsymbol{A}(t-1)$和 $\boldsymbol{H}(t)$分别是状态变换矩阵和观测矩阵。$w(t)$和 $v(t)$分别是均值为零的高斯白噪声。

Kalman 滤波器工作过程分为两个阶段：预测和校正。预测就是根据系统的当前状态获得一个先验估计 $s^{-}(t)$。校正是一种反馈，采用实际测量的先验估计，得到一个改进的后验概率估计值 $s^{+}(t)$为

$$s^{+}(t)=s^{-}(t)+\boldsymbol{K}(t)(z(t)-\boldsymbol{H}(t)s^{-}(t)) \tag{6.3}$$

式中，$\boldsymbol{K}(t)$是 Kalman 增益矩阵，描述如下：

$$\begin{aligned}\boldsymbol{K}(t)&=\boldsymbol{P}(t)^{-}\boldsymbol{H}(t)^{\mathrm{T}}(\boldsymbol{H}(t)\boldsymbol{P}^{-}(t)\boldsymbol{H}(t)^{\mathrm{T}}+\boldsymbol{R}(t))^{-1}\\&=\frac{P^{-}(t)H(t)^{\mathrm{T}}}{H(t)P^{-}(t)H(t)^{\mathrm{T}}+R(t)}\end{aligned} \tag{6.4}$$

式中，$\boldsymbol{P}^{-}(t)$是 t 时刻先验估计误差的协方差矩阵，$\boldsymbol{P}^{+}(t)$是 t 时刻后验估计误差的协方差矩阵。

(1) 预测过程

$$s^{-}(t)=\boldsymbol{A}(t-1)s^{+}(t-1) \tag{6.5}$$

$$\boldsymbol{P}^{-}(t)=\boldsymbol{A}(t-1)\boldsymbol{P}^{+}(t-1)\boldsymbol{A}(t-1)^{\mathrm{T}}+\boldsymbol{Q}(t-1) \tag{6.6}$$

(2) 校正过程

$$\boldsymbol{K}(t)=\boldsymbol{P}^{-}(t)\boldsymbol{H}(t)^{\mathrm{T}}(\boldsymbol{H}(t)\boldsymbol{P}^{-}(t)\boldsymbol{H}(t)^{\mathrm{T}}+\boldsymbol{R}(t))^{-1} \tag{6.7}$$

$$s^{+}(t)=s^{-}(t)\boldsymbol{K}(t)(z(t)-\boldsymbol{H}(t)s^{-}(t)) \tag{6.8}$$

$$\boldsymbol{P}^{+}(t)=(1-\boldsymbol{K}(t)\boldsymbol{H}(t))\boldsymbol{P}^{-}(t) \tag{6.9}$$

在系统重复预测—校正过程中，$\boldsymbol{R}(t)$是观测噪声的协方差矩阵，$\boldsymbol{Q}(t)$为系统噪声的协方差矩阵，观测误差 $\boldsymbol{R}(t)$和 Kalman 增益 $\boldsymbol{K}(t)$是成反比的。当 $\boldsymbol{R}(t)$较小时，增益 $\boldsymbol{K}(t)$权值较重，这时，观测量可信度较高，而预测结果的可信度就会降低。如果先验估计误差$\boldsymbol{P}^{-}(t)$趋近于零，增益 $\boldsymbol{K}(t)$权重就会变低，实际观测量可信度变小，而预测结果可信度变大。因此，整个系统将获得接近最优化的结果。

6.1.2 Kalman 滤波器跟踪算法

在视频序列中使用 Kalman 滤波器实现目标跟踪，还需要对其进行正确的初始化工作。设 Kalman 滤波器的系统目标状态向量是四维向量 $\boldsymbol{X}=(x, y, \hat{x}, \hat{y})^{\mathrm{T}}$，$(x, y)$和$(\hat{x}, \hat{y})$分别为目标特征点在图像中的坐标位置和运动速度。观测向量 $\boldsymbol{Z}=(x, y)^{\mathrm{T}}$，表示目标中心在 x 轴和 y 轴上的位置。则根据上一节提到的 Kalman 滤波理论，建立的系统状态估计模型如下：

系统状态方程：

$$\boldsymbol{X}(k)=\boldsymbol{A}(k)\boldsymbol{X}(k-1)+\boldsymbol{w}(k-1) \tag{6.10}$$

系统观测方程：

$$\boldsymbol{Z}(k)=\boldsymbol{H}(k)\boldsymbol{X}(k)+\boldsymbol{v}(k) \tag{6.11}$$

式中，$\boldsymbol{A}(k)$是从 $k-1$ 时刻到 k 时刻系统的状态转移矩阵，$\boldsymbol{H}(k)$是观测矩阵，$\boldsymbol{w}(k-1)$表示零均值的系统噪声向量，$\boldsymbol{v}(k)$表示观测噪声向量，其中：

$$
\boldsymbol{A}(k)=\begin{bmatrix}1 & 0 & T & 0\\ 0 & 1 & 0 & T\\ 0 & 0 & 1 & 0\\ 0 & 0 & 0 & 1\end{bmatrix},\quad \boldsymbol{H}(k)=\begin{bmatrix}1 & 0 & 0 & 0\\ 0 & 1 & 0 & 0\end{bmatrix}
$$

$\boldsymbol{A}(k)$中，T 是从 $k-1$ 时刻到 k 时刻系统的采样时间间隔。

假设在视频开始时就使用全区域搜索算法，并得到了目标在第一帧和第二帧中 x 轴方向上的最佳中心点的位置 $z(1)$ 和 $z(2)$，并以此得到状态估计矩阵 $\boldsymbol{X}(2)$ 为

$$
\boldsymbol{X}(2)=\begin{bmatrix} z(2) \\ \dfrac{[z(2)-z(1)]}{\tau}\end{bmatrix}
$$

由系统状态方程和观测方程可以求出 $X(2)$ 的状态真值 $x(2)$ 为

$$
\boldsymbol{x}(2)=\begin{bmatrix} z(2)-\upsilon(2) \\ \dfrac{z(2)-\upsilon(2)-[z(1)-\upsilon(1)]}{\tau+u(2)}\end{bmatrix}
$$

由第二帧的估计误差 $\boldsymbol{x}(2)-\boldsymbol{X}(2)$ 可求得估计误差的协方差矩阵为

$$
\begin{aligned}
\boldsymbol{P}(2)&=E\{[\boldsymbol{x}(2)-\boldsymbol{X}(2)][\boldsymbol{x}(2)-\boldsymbol{X}(2)]^{\mathrm{T}}\}\\
&=E\left\{\begin{bmatrix} -\upsilon(2) \\ \dfrac{-\upsilon(2)+\upsilon(1)}{\tau+u(2)}\end{bmatrix}\begin{bmatrix} -\upsilon(2) \\ \dfrac{-\upsilon(2)+\upsilon(1)}{\tau+u(2)}\end{bmatrix}^{\mathrm{T}}\right\}\\
&=\begin{bmatrix}\sigma_2^2 & \dfrac{\sigma_2^2}{\tau} \\ \dfrac{\sigma_2^2}{\tau} & \dfrac{2\sigma_2^2}{\tau^2+\sigma_1^2}\end{bmatrix}
\end{aligned}
$$

应用中可假设 $\sigma_1^2=1$，$\sigma_2^2=1$，初始化完成。y 轴上的参数初始化与 x 轴的方法相同。完成初始化工作后就可使用 Kalman 滤波器对目标进行跟踪了。其流程图如图 6.1 所示。

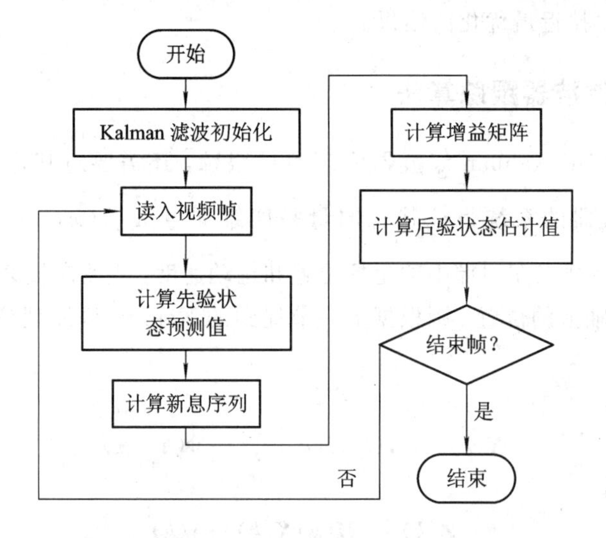

图 6.1　基于 Kalman 滤波器的目标跟踪算法流程图

6.2 基于 Mean Shift 的目标跟踪算法分析

Mean Shift 算法是基于区域特征的跟踪算法，属于非参数化的密度估计算法。Comaniciu 等人成功地将 Mean Shift 算法应用到动态目标跟踪中，该算法的基本思想是建立目标描述模板，然后通过均值平移方法在当前帧中搜索与模板相匹配的区域，因此可以避免全局搜索，快速定位目标位置。

1. 核函数

基于 Mean Shift 的目标跟踪中，核函数的选择直接影响着目标的跟踪效果，也是许多学者研究的重点，对于核函数的具体构建及不同核函数的性能可以参考文献[99]。几种常见的核函数如表 6.1 所示。

表 6.1 常见的核函数

核函数名称	函数原型	多元表达形式	三维图
Uniform Kernel	$K_U(x)=\begin{cases} c, & \lVert x\rVert \leqslant 1 \\ 0, & 其他 \end{cases}$	$K_U(x)=\begin{cases} \frac{1}{V_d}, & \lVert x\rVert \leqslant 1 \\ 0 & 其他 \end{cases}$	
Epanechnikov Kernel	$K_E(x)=\begin{cases} c(1-\lVert x\rVert^2), & \lVert x\rVert \leqslant 1 \\ 0, & 其他 \end{cases}$	$K_E(x)=\begin{cases} \frac{d+2}{2V_d}(1-\lVert x\rVert^2), & \lVert x\rVert \leqslant 1 \\ 0 & 其他 \end{cases}$	
Normal Kernel	$K_N(x)=e^{-\frac{1}{2}x}, x\geqslant 0$	$K_N(x)=(2\pi)^{-\frac{d}{2}}e^{-\frac{1}{2}\lVert x\rVert^2}, x\geqslant 0$	

2. 目标模型

设目标区域的中心为 x_0，$\{x_i\}$，$i=1$，…，n 表示目标中的像素，采用一个等向核和单调递减的函数 $k(x)$，在离中心越远的地方，像素的权值越小，中心处的像素有较高的可靠性，背景的干扰较小。在初始帧图像中，计算区域所有像素的特征概率，即用特征的概率密度函数表示目标模型 $q=\{q_u\}$，$u=1$，…，m。其中 m 为核直方图特征的个数。

设函数映射 $b:R^2\to\{1, 2, \cdots, m\}$，$b(x_i)$是所有特征像素在特征空间的映射，则目标模型的特征概率密度为

$$q_u = C\sum_{i=1}^{n} k\left(\left\lVert \frac{x_i - x_0}{h} \right\rVert^2\right)\delta[b(x_i)-u] \tag{6.12}$$

式中，$\delta(x)$是 Kronecker Delta 函数，C 是标准常量系数，为了使 $\sum_{u=1}^{m} q_u = 1$，则有

$$C = \frac{1}{\sum_{i=1}^{n} k\left(\left\| \frac{x_i - x_0}{h} \right\|^2\right)} \tag{6.13}$$

设候选目标模型 $p=\{p_u\}$，$u=1$，…，m，候选区域的中心坐标为 y，其中的像素区域 $\{x_i\}$，$i=1$，…，n_h，使用相同的核函数 $k(x)$，核函数带宽为 h，则候选目标模型为

$$p_u(y) = C_h \sum_{i=1}^{n_h} k\left(\left\| \frac{y - x_i}{h} \right\|^2\right)\delta[b(x_i) - u] \tag{6.14}$$

式中，$C_h = 1/\sum_{i=1}^{n_h} k\left(\left\| \frac{y - x_i}{h} \right\|^2\right)$ 是归一化因子。

3. 基于 Bhattacharyya 系数的相似性度量

相似性函数通常使用目标模型与候选模型之间的距离来表示，常用 Bhattacharyya 系数 $\rho(y)$来度量目标模型与候选模型的相似性。该系数越大，目标模型与候选模型越相似。$\rho(y)$的定义式为

$$\rho(y) \equiv \rho[p(y), q] = \sum_{u=1}^{m} \sqrt{p_u(y) q_u} \tag{6.15}$$

目标模型与候选模型越相似，则两区域离散概率分布距离越短，其计算式为

$$\rho(y) = \sqrt{1 - \rho[p(y), q]} \tag{6.16}$$

4. 目标定位

最小化式(6.16)就是最大化 Bhattacharyya 系数 $\rho(y)$。在当前帧中以其前一帧的坐标中心 y_0为起点开始搜索，在 $p(y_0)$处对系数 $\rho(y)$进行 Taylor 展开，线性取前两项：

$$\rho[p(y), q] \approx \frac{1}{2}\sum_{u=1}^{m} \sqrt{p_u(y_0) q_u} + \frac{1}{2}\sum_{u=1}^{m} p_u(y)\sqrt{\frac{q_u}{p_u(y_0)}} \tag{6.17}$$

将式(6.14)代入式(6.17)中可得：

$$\rho[p(y), q] \approx \frac{1}{2}\sum_{u=1}^{m} \sqrt{p_u(y_0) q_u} + \frac{C_h}{2}\sum_{i=1}^{n_h} w_i k\left(\left\| \frac{y - x_i}{h} \right\|^2\right) \tag{6.18}$$

式中，w_i为加权系数，其表示为

$$w_i = \sum_{u=1}^{m} \delta[b(x_i) - u]\sqrt{\frac{q_u}{p_u(y_0)}} \tag{6.19}$$

在式(6.18)中第一项与 y 无关，只有第二项取最大值时 $\rho(y)$才得到最大值。因此，在 Mean Shift 算法寻找最大估计密度中，由原中心位置 y_0迭代到新位置 y_1的迭代函数，即

$$y_1 = \frac{\sum_{i=1}^{n_R} x_i w_i g\left(\left\| \frac{y_0 - x_i}{h} \right\|^2\right)}{\sum_{i=1}^{n_R} w_i g\left(\left\| \frac{y_0 - x_i}{h} \right\|^2\right)} \tag{6.20}$$

式中，y_1是迭代后目标的新位置坐标，$g(x) = -k'(x)$。得到新的坐标后，计算 y_i与前一帧目标位置 y_{i-1}的距离，如果$\| y_i - y_{i-1} \| < \varepsilon$，则读取下一帧，否则重复计算过程，直到满足条件。其流程图如图 6.2 所示。

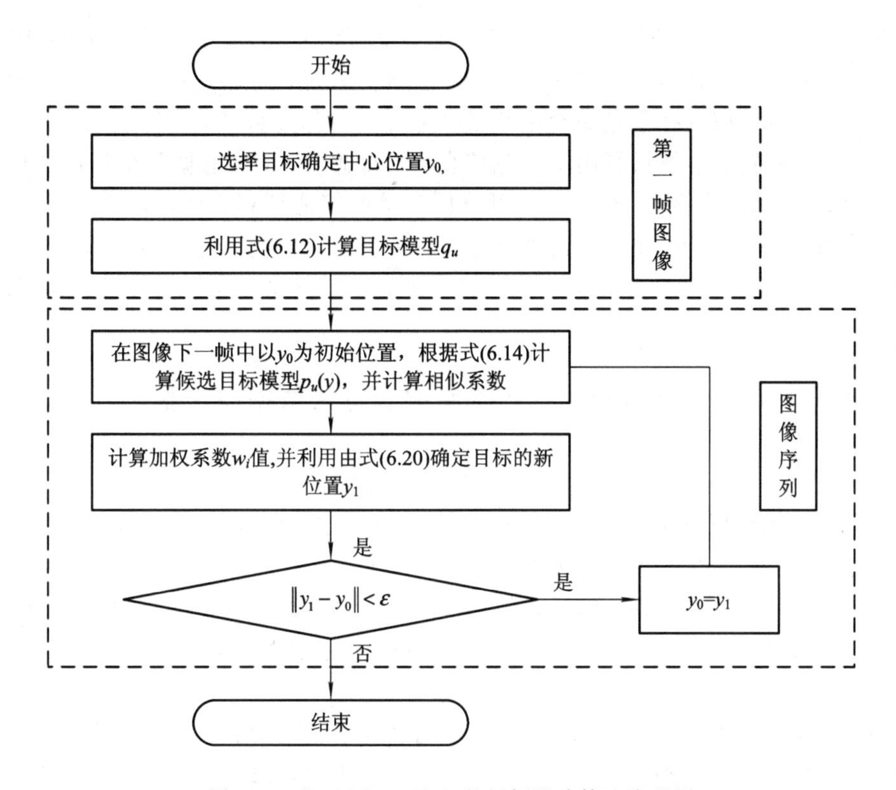

图 6.2　基于 Mean Shift 的目标跟踪算法流程图

6.3　基于多特征判定准则的目标跟踪融合算法

6.3.1　多特征目标跟踪算法分析

Mean Shift 算法被应用于目标跟踪是由 Comaniciu 等人提出的，随后有许多研究者对此进行了大量的研究。针对 Mean Shift 算法中存在的窗口固定问题，Comaniciu[100]、彭宁嵩[101]等人分别提出了窗口自适应选取方法。对于跟踪过程中由于背景颜色和目标颜色相近时形成的干扰，Collins 等人[102]通过计算直方图中的 log 比率，自动选择在颜色组合中区分度较大的特征并分别建立权值图，实现目标的跟踪。针对单一颜色特征不足的问题，文献[102]将多特征融入到目标跟踪，直接提取目标的纹理、梯度、形状等特征。在文献[100]中，Comaniciu 试图在目标的描述中引入目标的背景信息，并利用局部背景信息对颜色直方图进行了修改，提出背景加权直方图(Background－Weighted Histogram，BWH)算法。而在文献[103]中，Ning 等证明了文献[100]的背景融入方式中并没有利用背景信息，对模板目标和候选目标同时加入局部背景进行描述时，在计算过程中局部背景会抵消。因此，Ning 等提出了纠正背景加权直方图(Corrected Background-Weighted Histogram，CBWH)算法，该算法通过只在目标直方图上引入背景加权信息，合理的应用了局部背景，提高了动态目标跟踪的可靠性，并对目标的初始化操作相对简单。

基于多特征的目标跟踪中关键的一点是怎样选择合适的特征来描述目标，在跟踪过程中怎样根据环境的变化调整特征。近年来众多学者研究了基于多特征的自适应跟踪算法，主要不同在于特征的选用和融合的策略上。Collins 等人将目标颜色通过不同的线性组合构造出颜色特征，自适应选择颜色组合中背景区分度高的作为特征，该算法虽然是一种自适应的方式，但是本质上还是只利用了颜色信息。王永忠等人[104]根据各个特征子模型与当前目标的相似性，提出一种基于 Fisher 可分性度量的权值计算方法。袁广林等人[105]提出利用概率分布可分性评价特征，并自适应地计算特征融合权重。郑玉凤[106]，刘晴[107]等利用目标与候选目标之间的特征相似度来选择特征，再通过线性加权的方式选择权值大小，相似度高的特征将赋予较高的权值。

6.3.2 基于多特征判定准则的目标跟踪融合算法依据与步骤

1. 算法依据

本书通过上述分析发现，只有将多模式多特征算法进行融合才能实现动态目标的有效跟踪。首先，在目标描述中引入局部背景信息；其次，采用新的融合算法对多特征进行自适应融合，提高描述的准确性；然后，在 Mean Shift 框架模型下，实现对目标的定位；最后，结合 Kalman 滤波算法，对目标位置进行预测，并通过两种模式的结合进行模板的实时更新和遮挡判断。

通过对近年来学者们提出的基于多特征融合跟踪算法的分析，发现这些方法对特征的融合基本都采用单一的判别方法。如文献[104－105]使用候选目标模板与目标模板的相似度来判定融合的权重系数或直接选择特征，该方法在处理背景与目标模板相似度较高的情况时，可将较小区分度的特征直接判定为有效特征。但无法区分相似度较高产生的原因是来自目标还是背景，甚至做出误判。针对此问题文献[106－107]通过目标与背景的区分度来选择特征，提出目标与背景区分度较大的特征应该是有效特征，并赋予较高的权值，该种判别方式较好地适应了背景的变化，易于稳定跟踪。但在处理复杂背景时，性能有所下降，如当跟踪框偏离目标时，可能将目标中的一部分判别为背景，从而导致误判。

综上所述，针对目标特征与背景区分度较弱且相似度相对较小的情况，上述算法容易造成目标跟丢从而导致误判等问题。本章分别从目标与背景的区分能力以及目标模板的相似度这两个方面来分析目标跟踪中特征的有效性。在特征的选择上采用背景加权的候选目标与模板相似度来判定，并根据目标的相似度来决定权重的大小。由公式(6.21)计算相似度，相似度的计算融合了背景信息的候选目标 $\hat{p}_i$ 以及目标模板 $\hat{q}_i$，候选目标背景权重为 V_i'，可由式(6.23)计算。

目标在不同的场景下特征鉴别能力的判断依据为

$$\rho_i'(y) = \rho[\hat{p}_i(y)V_i', \hat{q}_i] = \sum_{u_i=1}^{m_i} \sqrt{\hat{p}_{u_i}(y) v_{u_i}' \hat{q}_{u_i}} \tag{6.21}$$

权重由线性加权的方法获得，$\rho_i'(y)$ 表示融合背景信息后候选目标与目标模板的相似度。令 k_i 表示第 i 个特征的权重，则

$$k_i = \frac{\rho_i'}{\sum_{i=1}^{N} \rho_i'} \quad (\text{其中 } k_i \text{ 满足} \sum_{i=1}^{N} k_i = 1) \tag{6.22}$$

综合考虑背景的影响，对于局部背景与目标对比度高的特征会赋予较大的权重，反之赋予较低的权值。图 6.3 是目标跟踪中颜色特征和梯度特征自适应调整的过程，从中可以得到目标的运动特征对比度的权值不停地发生着变化。初始跟踪时颜色特征相对于梯度特征，具有更好的区分性。在第 168 帧光照发生变化时，梯度特征的权值迅速增加而颜色特征的权值会迅速减小，以此克服了光照变化的影响。

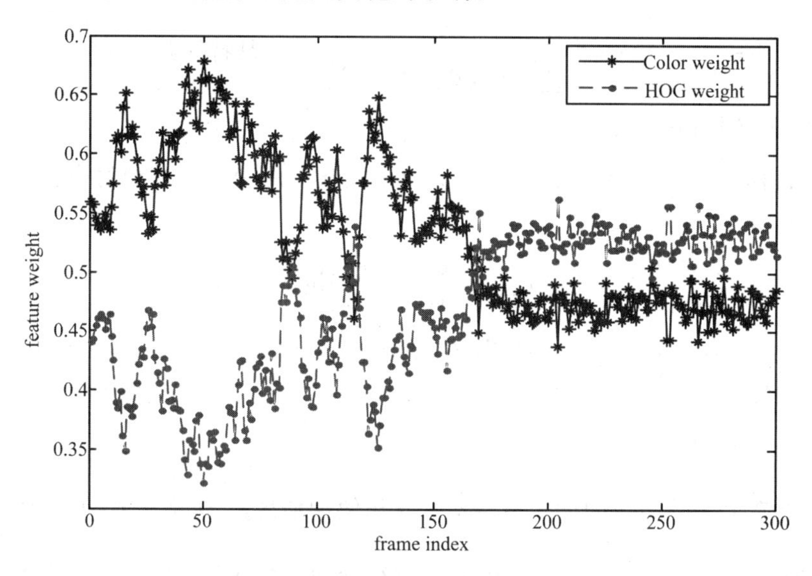

图 6.3　特征权值的自适应过程图

综上所述，本书算法依据为：

(1) 引入局部背景信息。通过计算目标局部背景与目标本身的相似度，将目标中与背景相似度高的特征，在目标描述时权值降低，减少目标来自背景的干扰。将目标描述时引入的背景信息降到最低，能更精确地描述目标，有效地提高跟踪的可靠性。

(2) 对候选目标引入背景描述。在跟踪同时对候选目标添加背景权重，但是不参与目标的定位，用于加强对多特征的选择，这样既可以避免文献[100]中出现的背景信息相互抵消的问题，同时很好地利用了局部背景信息。

(3) 基于多特征准则的特征融合。在基于多特征的融合中，大部分算法采用单一的判定准则，这样可能会出现判断失效，原因如上节所述。而采用多准则方式，一方面，可以获得目标更多的信息；另一方面，能让特征的选择更加可靠。

2. 算法计算过程

1) 背景描述

在对背景描述时可以使用多种特征，包括颜色、边缘、梯度、纹理和 SIFT 等。这里计算目标特征的背景概率密度函数，用 $\{\hat{o}_u\}_{u=1\cdots m}(\sum_{i=1}^{m}\hat{o}_u=1)$ 来表示，其中$\hat{o}^*$ 为 $\{\hat{o}_u\}_{u=1\cdots m}$ 中非零最小值。背景区域大小的选择可以根据需要调整，一般选为目标大小的两倍。目标背景权重的计算公式为

$$\{v_u=\min(\hat{o}^*/\hat{o}_u,1)\}_{u=1\cdots m} \tag{6.23}$$

2) 目标定位

计算目标位置是跟踪问题的核心，步骤如下：

步骤 1：目标模型描述。

设目标模型$\hat{q}=\{\{\hat{q}u_i\}u_i=1\cdots m_i\}i=1\cdots N$，$\{x_j^*\}j=1\cdots n$ 是目标区域像素位置，v_{u_i} 为第 i 个特征的背景权重，则第 i 个特征的概率密度函数为

$$\hat{q}_{u_i}=C_i v_{u_i}\sum_{j=1}^{n}k(\|x_j{}^*\|^2)\delta[b_i(x_j{}^*)-u_i] \tag{6.24}$$

式中，$C_i=\dfrac{1}{\sum_{j=1}^{n}k(\|x_j{}^*\|^2)\sum_{u=1}^{m}v_{u_i}\delta[b_i(x_j{}^*)-u_i]}$是特征归一化实数。

步骤 2：候选目标描述。

设候选目标模型 $P(y)=\{\{\hat{p}u_i(y)\}u_i=1\cdots m_i\}i=1\cdots N$，该模型的描述中没有加入背景信息，可表示为

$$\hat{p}_{u_i}(y)=C_h\sum_{j=1}^{n}k\left(\left\|\frac{y-x_j}{h}\right\|^2\right)\delta[b_i(x_j)-u_i] \tag{6.25}$$

式中，$C_h=\dfrac{1}{\sum_{j=1}^{n}k\left(\left\|\frac{y-x_j}{h}\right\|^2\right)}$为归一化常量。

步骤 3：多特征融合目标定位。

假设目标在上一帧图像中的位置为$\hat{y}_0$，寻找使相似度$\hat{\rho}(y)$最大化，即：使 $\sum_{i=1}^{N}k_i\hat{\rho}_i(y)$ 中的每一项 $k_i\hat{\rho}_i(y)$ 最大化。$k_i\hat{\rho}_i(y)$在$\hat{y}_0$ 处进行泰勒级数展开，并将$\hat{p}u_i(y)$代入式(6.26)可得：

$$k_i\rho_i[\hat{p}_i(y),\hat{q}_i]\approx\frac{1}{2}k_i\sum_{u_i=1}^{m_i}\sqrt{\hat{p}_{u_i}(\hat{y}_0)\hat{q}_{u_i}}+\frac{C_h}{2}k_i\sum_{j=1}^{n}w_{ij}k\left(\left\|\frac{y-x_i}{h}\right\|^2\right) \tag{6.26}$$

基于多特征的加权系数计算公式为

$$w_{ij}=\sum_{u_i=1}^{m_i}\sqrt{\frac{\hat{q}_{u_i}}{\hat{p}_{u_i}(\hat{y}_0)}}\delta[b_i(x_j)-u_i] \tag{6.27}$$

由多种特征决定的新中心的计算公式为

$$\hat{y}_1=\sum_{i=1}^{N}k_i\frac{\sum_{j=1}^{n_R}x_jw_{ij}g\left(\left\|\frac{\hat{y}_0-x_j}{h}\right\|^2\right)}{\sum_{i=1}^{n_R}w_{ij}g\left(\left\|\frac{\hat{y}_0-x_j}{h}\right\|^2\right)} \tag{6.28}$$

式中，$\hat{y}_1$ 为目标新中心，$g(x)=-k'(x)$，特征融合权值 k_i 满足 $\sum_{i=1}^{N}k_i=1$。

重复步骤 3，直到找到满足条件的新坐标，完成一帧中目标的定位。

3）更新特征权值

在一帧跟踪完成后需要对特征的权值进行更新，先计算特征相似度 $\rho_i'(y)$，然后再加权和更新特征权重，即

$$\rho_i'(y)=\rho[\hat{p}_i(y)V_i',\hat{q}_i]=\sum_{u_i=1}^{m_i}\sqrt{\hat{p}_{u_i}(y)v_{u_i}'\hat{q}_{u_i}} \tag{6.29}$$

$$k_i = \frac{\rho_i'}{\sum_{i=1}^{N}\rho_i'} \quad (\text{其中 } k_i \text{ 满足} \sum_{i=1}^{N} k_i = 1) \tag{6.30}$$

4）模板更新

在模板更新时，通过判断 $\rho_i'(y)$的大小，更新相似度大的特征，如下式所示。

$$q_{u_i} = \lambda q_{u_i} + (1-\lambda) q_{u_{i-1}} \tag{6.31}$$

式中，λ 为更新系数。

如果 $\rho_i'(y)$都小于一个值 ρ_0，则可能是特征失效或出现目标被遮挡，此时不再更新背景，而使用 Kalman 滤波器来进行跟踪。

5）循环执行

循环执行 1)～4)，直到跟踪结束。

3. 算法步骤

步骤 1：初始化目标在当前帧中位置 y_0，计算目标模板$\{q_{u_i}(y)\}$，根据上节所述利用前几帧参数初始化 Kalman 滤波器；

步骤 2：计算候选目标模板$\{\hat{p}_{u_i}(y)\}$，令 $j=0$，根据式(6.27)计算像素的权值 ω_{ij}；

步骤 3：根据式(6.28)迭代一次，得到新的目标位置 y_1；

步骤 4：计算候选模板与目标模板的相似性 $\rho[\hat{p}_i(y), \hat{q}_i]$；

步骤 5：如果 $\| y_{j+1} - y_j \| > \varepsilon$，令 $j=j+1$，跳转至步骤 3；

步骤 6：以当前目标位置 y_1 为中心，根据上节所述方法计算 k_i；

步骤 7：基于 Kalman 滤波器对目标位置进行预测，并更新滤波器；

步骤 8：根据特征相似度 $\rho_i'(y)$，更新目标模板，判断是否有遮挡；

步骤 9：从步骤 2 开始重复计算，直到视频结束。

基于多特征判定准则的目标跟踪融合算法流程图，如图 6.4 所示。其主要是由目标初始化模块、目标跟踪模块以及目标更新模块三部分组成。

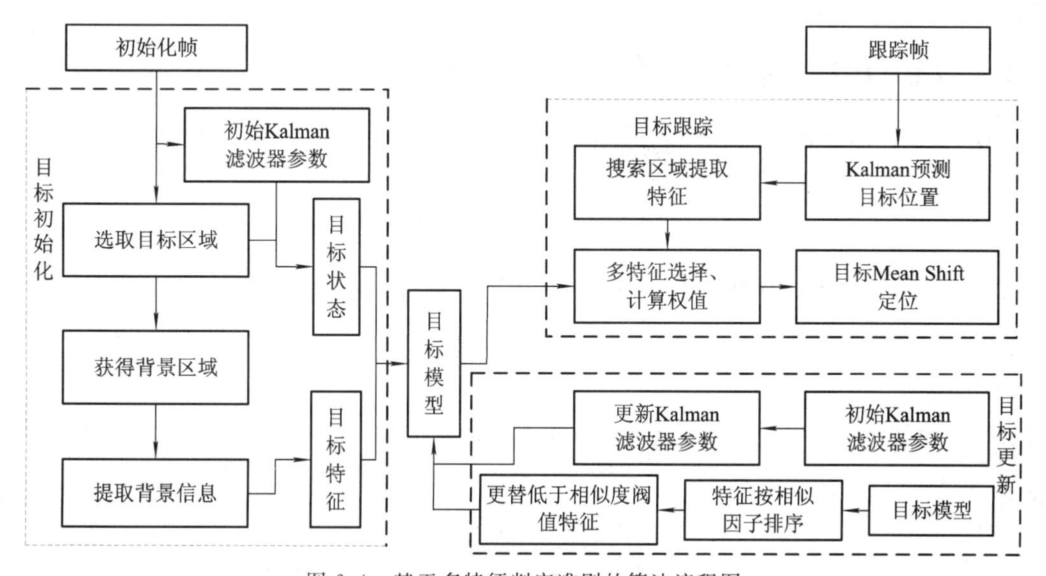

图 6.4　基于多特征判定准则的算法流程图

6.4 离散场景同一目标跟踪融合算法

连续场景下的监控往往会产生视域有限且目标相互遮挡的问题，而在离散监控的情况下就能够很好地解决这些问题。例如在智能交通管理系统中，离散监控能够持续的对行人或是车辆进行跟踪，从而得到跟踪目标的路线或是预计目标下一站可能出现的位置。因此，离散场景下的运动目标跟踪应用越来越广泛。在国外，Makris 和 Junejo 提出了无监督学习的运动轨迹模型[108]和混合特征路径模型[109]。Khan 提出利用运动目标出入多源边界时轨迹具有规律性的特点[110]，使用 Hough 变换自动寻找边界，获得目标在离散之间运动轨迹信息，进而达到联合离散进行目标跟踪的效果。Muhammad Owais Mehmood 在连续情况下使用光流法来估计目标运动状态，通过外观特征匹配和形状描述来进行目标跟踪，再对这些获取的特征进行非重叠区域下离散之间的融合[111]。在国内，湖南大学研究了基于路径模型的非重叠区域下的多源运动目标跟踪[112-113]。浙江大学李志华等人主要通过对多视角的背景图像进行 SIFT 特征匹配自动生成对应点，利用这些对应的关键点确定多源之间的重叠区域对应关系，给待跟踪目标动态分配摄像头实施跟踪[114]。

离散场景目标跟踪是两个层面上的跟踪。首先是在连续场景下，手动框选出运动目标，这点属于纵向时域上的目标匹配，而离散目标跟踪，在此基础上还要进行横向空间上的目标匹配，而这个匹配就是多信息融合的过程。本节研究的是基于特征配准的运动目标跟踪识别技术，主要用到帧间差分法、CBWH 算法[103]以及 SIFT 算法。部分算法前面章节已经讲到。

关于 CBWH 算法，刘峰等人[115]提出了尺度自适应 CBWH 跟踪算法，该算法能够自适应的更新核函数的带宽从而提高跟踪准确率；黄安奇等人[116]提出了利用背景加权和选择性子模型更新的视觉跟踪算法，利用背景加权系数减少背景对于跟踪的影响，并将该系数只引入到目标模型的颜色直方图中，从而建立一个新的目标模型，以此来提高跟踪的鲁棒性。

6.4.1 CBWH 算法分析

在 CBWH 跟踪算法中，重新定义了权重的计算公式：

$$w'' = \sqrt{\frac{\hat{q}_u'}{\hat{p}_u(y)}} \tag{6.32}$$

式(6.32)可以看出，CBWH 对候选模型的背景并不进行加权运算。因此可以得到：

$$w''_i = \sqrt{\frac{C'}{C_h}} \cdot \sqrt{v_u} \cdot w_i \tag{6.33}$$

式(6.33)中的$\sqrt{\frac{C'}{C_h}}$是一个常数，其并不影响 Mean Shift 算法的迭代，因此可将式(6.33)简化为

$$w''_i = \sqrt{v_u} w_i \tag{6.34}$$

式(6.34)反映出 Mean shift 权重与 CBWH 权重之间的关系。

在 CBWH 算法中，对原始目标与其周围背景信息的直方图都进行建模，这就意味着能够通过该方法突出原始目标。但是，在对目标进行跟踪的时候，经常会出现很多外在因素的干扰，例如阳光照射角度的变化、风吹过树叶的晃动等因素都会引起背景环境的变化。因此，为了保证 CBWH 算法的稳定性，就要求必须对背景环境的模型进行实时更新。

在 CBWH 算法中，对原始目标周围的背景信息进行建模，并计算该区域内的权重系数，则可以表示为

$$\{\hat{o}_u'\}_{u=1,2,\cdots,m} \tag{6.35}$$

不仅在匹配候选目标时使用巴氏系数，在进行背景模型更新时也使用该系数对二者进行度量：

$$\rho = \sum_{u=1}^{m} \sqrt{\hat{o}_u \hat{o}_u'} \tag{6.36}$$

设置相似度的阈值是 threshold，$\rho \in [0, 1]$，如果计算得到的 $\rho <$ threshold，那就是说二者的相似度较小，背景模型出现了很大的改变，此时，应该及时地对原有的背景模型进行更新，替换为当前背景模型，并且对替换后的模型及时进行权重系数以及特征的计算，只有及时的更新背景模型才能够确保跟踪效果的稳定性。

6.4.2 CBWH 改进算法提出

CBWH 算法是在传统 Mean Shift 跟踪算法的基础上改进的，性能和跟踪效果都有所提升。但是，当目标受到相似度很高的运动物体干扰或物体的运动速度发生变化时，CBWH 算法就会使目标在跟踪时的准确性有所降低，从而导致跟踪性能的下降，针对这种情况，有必要对 CBWH 算法进行改进。

首先，在传统的 CBWH 算法中，用到的是直方图的巴氏系数来衡量两帧图像的相似性系数，然而，在有些视频中，只用此方法来衡量相似性系数效果并不显著。因此，本节在用直方图的巴氏系数来衡量两帧图像的相似性系数的同时，对两帧图像使用皮尔逊相关系数来做度量系数。皮尔逊相关系数也称为积差相关（或积矩相关），是由英国统计学家皮尔逊于 20 世纪提出的一种计算直线相关的方法。

假设有两个变量 X、Y，那么两变量间的皮尔逊相关系数可通过以下公式计算：

$$\begin{aligned}\rho_{X,Y} &= \frac{\operatorname{cov}(X,Y)}{\sigma_X\sigma_Y} = \frac{E((X-\mu_X)(Y-\mu_Y))}{\sigma_X\sigma_Y} \\ &= \frac{\sum_{i=1}^{n}(X_i-\overline{X})(Y_i-\overline{Y})}{\sqrt{\sum_{i=1}^{n}(X_i-\overline{X})^2}\sqrt{\sum_{i=1}^{n}(Y_i-\overline{Y})^2}}\end{aligned} \tag{6.37}$$

并且，相关系数的取值范围在[−1, 1]。取 1 时，表示变量 X 和 Y 之间具有线性变化的关系，即 Y 随着 X 的增加而增加；反之，随着 X 的增加而减小。

其次，基于初始目标的位置，在下一帧中进行局部范围的搜索。如果在第 i 帧中，搜索到有误差的目标中心位置 center_i，那么在第 $i+1$ 次的搜索中，仍然会以 center_i 为中心在此附件位置进行搜索，进而导致 center_{i+1} 的计算也会出现错误。因此，本节在第 i 帧使用 center_{i-1} 作为初始位置进行迭代，如果其与目标模板的相似度较低，那么再使用 center_{i-2}，

…，$center_{i-k}$作为初始位置，重新进行迭代。以这 k 次迭代得到的最好的跟踪位置作为新目标的中心 $center_i$。

算法的步骤：

(1) 初始化算法的参数，在第一帧图像中选定目标模板 q，获得初始目标定位中心位置 y_0，计算目标模型向量$\{\hat{q}_u\}_{u=1,2,\cdots,m}$，目标局部背景环境模型向量$\{\hat{o}_u\}_{u=1,2,\cdots,m}$，及其加权系数$\{v_u\}_{u=1,2\cdots,m}$。然后对目标的模型进行背景加权；设定 $\varepsilon_1=0.1$，局部背景环境模型的相似度 $\varepsilon_2=0.85$，最大迭代次数 MIterNum=15；

(2) 读取下一帧图像，以当前帧中心 y_0 为初始位置进行局部范围的搜索，计算出候选模型的向量$\{\hat{p}_u(y_0)\}_{u=1,2,\cdots,m}$；

(3) 计算权重向量$\{w_i^*\}_{i=1,2,\cdots,n_h}$；

(4) 当读取的图像大于 2 时，以第 $i-1$ 帧图像的跟踪位置 $center_{i-1}$ 作为初始位置，对其进行跟踪算法迭代，找到新的跟踪位置，记为 $NewCenter_i$。并计算其直方图的巴氏系数记为 ρ_{newi}，计算皮尔逊相关系数，记为 $Corr_{newi}$。如果 $\rho_{newi}<\rho_{i-1}$ 或者是 $Corr_{newi}<0$，那么就以 $center_{i-2}$，…，$center_{i-k}$作为初始位置，重新进行迭代。迭代得到的 k 个跟踪位置中，选取其中皮尔逊相关系数最大的作为第 i 帧图像的中心 $center_i$，并计算相应的直方图的巴氏系数 ρ_i 和皮尔逊相关系数 $Corr_i$，否则直接以 $NewCenter_i$ 作为第 i 帧图像中心 $center_i$，以 ρ_{newi} 作为 ρ_i，以 $Corr_{newi}$ 作为 $Corr_i$，得到新的目标中心 y_i；

(5) 如果迭代的次数大于预先设定的阈值，或者 $\|y_1-y_0\|<\varepsilon_1$，那么 $y_0 \leftarrow y_1$，并在 y_0 处计算 $\{\hat{o}'_u\}_{u=1,2,\cdots,m}$ 和 $\{v'_u\}_{u=1,2,\cdots,m}$。如果计算得到的巴氏系数小于给定的 ε_2，则 $\{\hat{o}_u\}_{u=1,2,\cdots,m} \leftarrow \{\hat{o}'_u\}_{u=1,2,\cdots,m}$，$\{v_u\}_{u=1,2,\cdots,m} \leftarrow \{v'_u\}_{u=1,2,\cdots,m}$，并更新目标的背景加权模型，然后停止算法的迭代，返回步骤(2)，否则计数器增加 1，跳转到步骤(3)。

6.4.3 离散同一目标跟踪融合算法的步骤与条件

假设在 A 视频中框选运动目标，需要在 B 视频中识别出运动目标，主要步骤为：

(1) 在 A 视频中手动框选运动目标，并且用本书的 CBWH 改进算法对运动目标进行跟踪，假设得到了 m 帧 A 视频中的运动目标，对于 m 帧中的每一帧我们会得到一个手动框选的运动目标区域(用蓝色长方形边框辨识)，并且把得到的 m 帧图像中的运动目标区域截取出来，形成 m 个 Mean shift 描述子；

(2) 对于视频 B 中的每一帧图像，首先需要找出其中的运动目标。因此，采用帧间差分法，找到每一帧图像中的运动目标。假设在 B 视频的每一帧中，分别利用帧差分法得到了 n 个帧差分描述子(即运动目标)，其坐标为$(x_{1i}, y_{1i}, x_{2i}, y_{2i})$，其中$(x_{1i}, y_{1i})$表示得到的描述子在视频中左上角的坐标，$(x_{2i}, y_{2i})$表示描述子右下角的坐标；

(3) 在 B 视频中一帧只会出现一个需要识别的运动目标。因此，在步骤(2)中，得到的 n 个帧差分描述子会有误差，为了消除这些错误的帧差分描述子，本书使用了 SIFT 算法。首先，用视频 A 中得到的 m 个 Mean shift 描述子对 B 中每一帧进行处理，也可以得到 m 个 SIFT 描述子，其坐标为$(z_{1i}, t_{1i}, z_{2i}, t_{2i})$，因此，中心坐标就为$\left(\frac{z_{1i}+z_{2i}}{2}, \frac{t_{1i}+t_{2i}}{2}\right)$；

(4) 在步骤(2)中得到了 n 个帧差分描述子，在步骤(3)中得到了 m 个 SIFT 描述子，那么这些描述子中到底哪些是对的？本书采用投票的方式来获得正确的描述子，即对每一个帧差分描述子，计算有多少个 SIFT 描述子的中心坐标落在了这个帧差法描述子的范围内，取得票数最多的帧差分描述子即为这一帧的有效描述子，即满足 $\max_i \sum_j l\left(x_{1i} < \frac{z_{1j}+z_{2j}}{2} < x_{2i},\ y_{1i} < \frac{t_{1j}+t_{2j}}{2} < y_{2i}\right)$的$(x_{1i},\ y_{1i},\ x_{2i},\ y_{2i})$最终会被选为有效地描述子，对于视频 B 中的某些帧，可能找不到帧差分描述子，或者是找不到 SIFT 描述子，或是找到的帧差分描述子与 SIFT 描述子不一致，对于这样的帧，应该认为是无效的描述子；

(5) 假设在步骤(4)中找到了若干帧存在有效的描述子。但是在有的帧中并没有找到有效的描述子，且有些帧中的描述子是错误的。因此，为了进一步提高识别的效果，本书在视频 B 中融合改进的 CBWH 算法。因为融合了改进的 CBWH 算法，那么就需要设定运动目标的初始位置，对于视频 B 中存在有效描述子的若干帧中，可以以其中某一帧的描述子的中心位置作为 CBWH 跟踪算法的初始位置。CBWH 算法的准确性与初始位置的设定存在很大的关系，因此，为了找到一个较好的初始位置，就需要对得到的若干个有效描述子进行筛选，本书要求作为目标位置的描述子不能太小，假设找的有效描述子的坐标依次为$(x_{1i},\ y_{1i},\ x_{2i},\ y_{2i})$，那么作为初始位置的描述子为$(x_{1i_0},\ y_{1i_0},\ x_{2i_0},\ y_{2i_0})$，其中，$i_0=\min\left\{i \,\middle|\, (x_{2i}-x_{1i})(y_{2i}-y_{1i}) > \frac{1}{2}E((x_{2i}-x_{1i})(y_{2i}-y_{1i}))\right\}$(描述子的面积不能够太小，同时描述子也不能太靠后，不然前面的帧将无法进行跟踪识别)；

(6) 利用步骤(5)中找到的坐标作为运动目标的初始位置，并且从初始位置所对应的帧开始对其运行改进的 CBWH 算法，对于视频 B 中的每一帧，运行改进 CBWH 算法都会找到一个 Mean shift 描述子，其坐标为$(s_{1i},\ d_{1i},\ s_{2i},\ d_{2i})$。与此同时，对于 B 视频中的部分帧来说，在步骤(4)中同时还得到了有效描述子$(x_{1i},\ y_{1i},\ x_{2i},\ y_{2i})$。因此，结合这两个描述子，就能确定在 B 视频每一帧中运动目标的准确位置。约束条件如下：

条件 1：如果在连续的某两帧之间，Mean shift 描述子的位移太大或者太小，都不给出识别的结果，即对视频 B 中的每一帧计算出一个平均速度和一个瞬时速度：

$$V_i=(V_{1i},\ V_{2i})=\left[\frac{\left(\frac{s_{1i}+s_{2i}}{2}-\frac{x_{1i_0}+x_{2i_0}}{2}\right)}{i-i_0},\ \frac{\left(\frac{d_{1i}+d_{2i}}{2}-\frac{y_{1i_0}+y_{2i_0}}{2}\right)}{i-i_0}\right] \tag{6.38}$$

$$v_i=(v_{1i},\ v_{2i})=\left[\frac{\left(\frac{s_{1i}+s_{2i}}{2}-\frac{s_{1(i-1)}+s_{2(i-1)}}{2}\right)}{i-i_0},\ \frac{\left(\frac{d_{1i}+d_{2i}}{2}-\frac{d_{1(i-1)}+d_{2(i-1)}}{2}\right)}{i-i_0}\right] \tag{6.39}$$

同时要求 $v_{1i}/5<V_{1i}<5v_{1i}$，$v_{2i}/5<V_{2i}<5v_{2i}$，并且 $\cos(v_i,\ V_i)\geqslant 0$。以上这些限制条件都是通过大量实验仿真得到的。

条件 2：对于存在有效描述子的帧来说，如果有效描述子给出的结果与 Mean shift 描述子不一致，那么这一帧的识别结果不输出，即要求：$s_{1i}<\frac{x_{1i}+x_{2i}}{2}<s_{2i}$，$d_{1i}<\frac{y_{1i}+y_{2i}}{2}<d_{2i}$。

条件 3：如果存在连续两个描述子所在的帧的识别结果都没有输出，那么可以认为 CBWH 算法已经失效，并且从失效的那一帧开始重新计算运动目标的初始位置，计算运动目标初始位置的方法参考步骤(5)。

6.5 动态目标跟踪实验与分析

6.5.1 Kalman 滤波器跟踪算法实验分析

实验分析了 Kalman 滤波器在目标跟踪过程中的跟踪效果，主要针对人体跟踪、有遮挡时的目标跟踪以及复杂环境条件下的目标跟踪进行测试。并对 Kalman 滤波跟踪时存在的问题进行讨论，从跟踪的结果分析算法的优点和不足。实验视频为标准视频。

视频 1 是在室内环境下对人体的跟踪。图 6.5 是跟踪的效果图，从图中可以看到 Kalman 滤波能够较好地完成对人体的跟踪，这主要是由于其良好的运动状态估计过程，在跟踪时受外界环境变化和目标形体变化的影响较小。

图 6.5 Kalman 滤波器在室内环境下对人体的跟踪效果图

视频 2 是在室外环境下对目标车辆的跟踪，在跟踪的过程中会出现树木对车辆的部分遮挡和全部遮挡的情况。图 6.6 给出了 Kalman 滤波器对目标车辆的跟踪情况，在视频帧从第 250 帧到第 350 帧的这段时间内，尽管车辆行驶速度由于转弯产生了变化，导致跟踪效果不稳定，但在车辆转弯后运行状态相对稳定时，跟踪效果则变好了。视频帧从第 365

帧开始到第 450 帧这段时间，反映的是车辆从没有被树木遮挡到存在部分被遮挡直到全部被遮挡最后再到脱离遮挡的过程，Kalman 滤波器对车辆的跟踪效果一直表现得很稳定，这点归功于 Kalman 滤波器本身具有的预测功能，使得车辆被树木遮挡时，仍能准确预测到车辆的位置，进而完成对车辆的跟踪。图中连续的红线则是车辆的运动轨迹。

图 6.6　Kalman 滤波器在存在遮挡情况下的车辆跟踪效果图

视频 3 是在室内对人体复杂运动的跟踪，一人从屋内走到屋外，然后又突然调转方向，沿相反的方向运动。从图 6.7 可以看到，刚开始 Kalman 滤波器能够准确地跟踪目标，直到人体停下来，虽然跟踪效果变差但还能实现目标的继续跟踪。而当人体向相反的方向运动时，Kalman 滤波器出现了错误跟踪，跟踪框与运动目标的方向相反。在调整 Kalman 滤波器预测值后，跟踪效果也不好，主要是由人体进行了一个由慢到快的加速运动，Kalman 滤波器不能准确预测这种非线性运动，由最后一幅图像可以看出，当接近匀速运动时跟踪的效果又开始好转。

图 6.7　Kalman 滤波器在往返运动中人体跟踪效果图

6.5.2 Mean Shift 目标跟踪算法实验分析

在实验 1 中选择室外的车辆进行跟踪。从图 6.8 可以看到，无论车辆怎样变换运动，Mean Shift 算法始终能够实现准确跟踪，这种基于目标颜色特征的跟踪方式相比于 Kalman 滤波更具鲁棒性，达到了较好的跟踪效果。

图 6.8 Mean Shift 的车辆跟踪效果图

在实验 2 中选取人体作为跟踪的对象。在图 6.9 中，Mean Shift 算法在开始时能够准确的跟踪目标，即使中途有小的障碍物遮挡也没有受到较大影响，在跟踪的最后可以看到，由于受到周围相似物的干扰，跟踪的效果变得越来越差，直到最后跟踪完全失败，脱离跟踪目标。从中可以看到 Mean Shift 跟踪算法对相似物的干扰还是很敏感的。

图 6.9 Mean Shift 的人体跟踪效果图

6.5.3 基于多特征判定准则的目标跟踪融合算法实验分析

在标准测试视频库中选择视频对本书算法与文献[102]、[103]、[107]中的三种跟踪算法进行了对比，手动给定目标初始位置。所选的目标特征是72维的梯度方向直方图和16×16×16的RGB颜色直方图，这样有利于和文献中的算法进行对比。

实验1选择的视频环境是背景光照条件较弱下的行人运动情况。该视频序列颜色失真并且部分背景区域光照不均、场景复杂，导致目标与背景区分度低。分析原因主要是受室内光照的影响。其次，目标外围特征与部分背景(柱子及店内的衣物)很相似。实验结果如图6.10所示，当目标与背景中物体相似时，文献[102][107]算法在556帧跟丢目标，文献[103]算法在588帧目标经过立柱时丢失跟踪，而本书算法可持续跟踪。

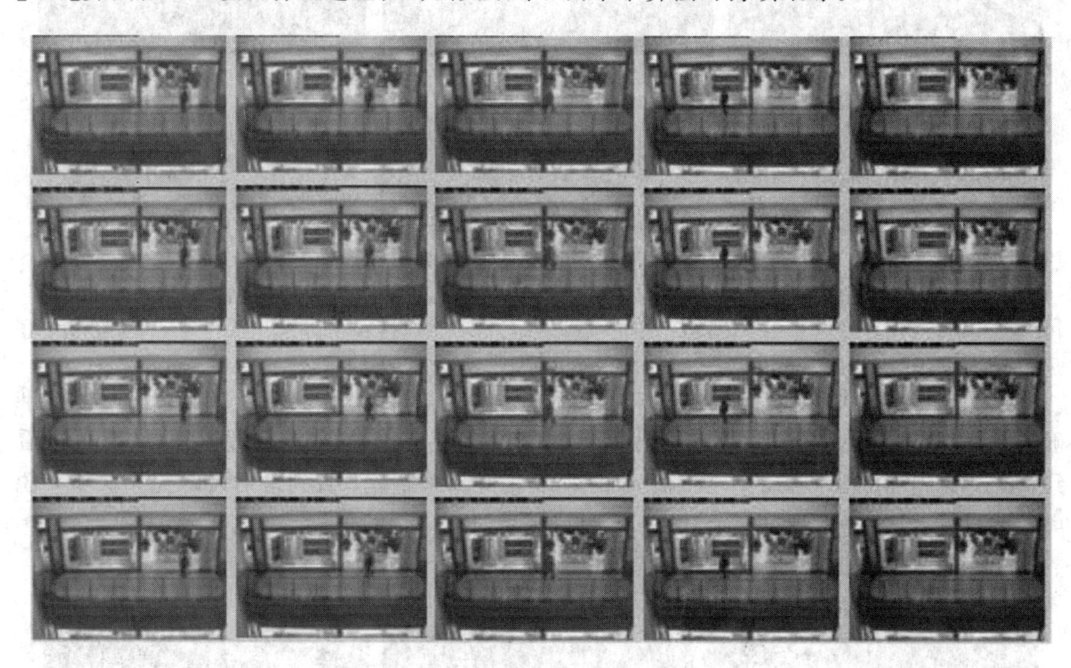

图6.10 实验1跟踪结果图(从上到下分别是：文[102]，文[103]，文[107]，本书算法)
(帧数：468，512，562，630，768)

实验2选择的是自然光照下室外场景的行人运动视频。该视频序列目标较小，特征不明显，易受外界的干扰，而且目标与背景颜色相似。如图6.11所示，视频序列中目标在接近其附近车辆时由于目标与局部背景难以区分导致文献[102]算法在2360帧，文献[103]算法在2365帧跟丢目标，虽然[107]算法可以持续跟踪，但是跟踪框跳动频繁，跟踪性能不稳定。而本书算法受其影响较少，可以持续稳定跟踪。

实验所用视频来自标准视频库。为了对本书算法和以上三种算法的性能进行数据分析，这里将跟踪结果与人工标注结果进行比对。在前述实验参数设置下，表6.2给出了这几种算法在跟踪过程中目标跟踪中心坐标与手动标注中心坐标的偏差绝对值的统计量，其包括最大值、最小值、平均值。表6.2进一步验证了本书算法在跟踪性能方面的优势。

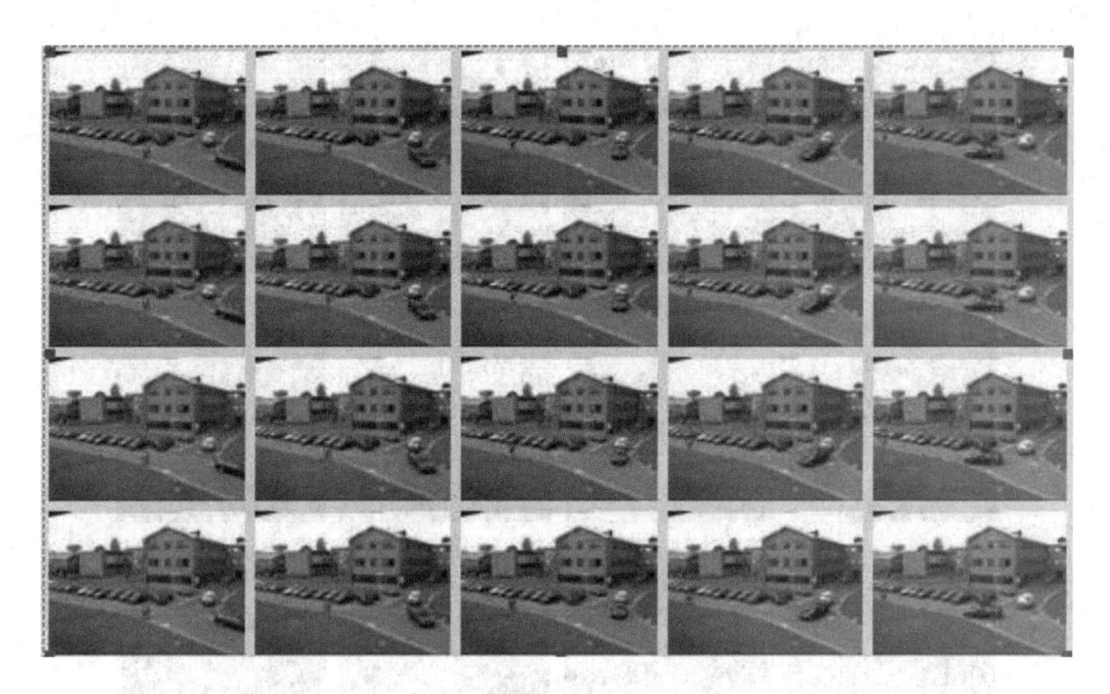

图 6.11 实验 2 跟踪结果图(从上到下分别是：文[102]，文[103]，，文[107]，本书算法)
(帧数：2221，2288，2356，2475，2520)

表 6.2 跟踪中心坐标偏差统计及平均跟踪速度对比(帧/秒)

视频 & 算法 \ 中心差(单位：像素)		X - max	X - min	X - mean	Y - max	Y - min	Y - mean	平均跟踪速度(fps)
实验 1	文献[102]	202	0	74.3	67	0	35.4	12
	文献[103]	178	0	55.6	46	0	9.6	9.6
	文献[107]	156	0	67.2	62	0	43.3	17.4
	本书算法	6	0	2.2	5	0	1.6	16.5
实验 2	文献[102]	24	0	10.3	53	0	23.2	15.1
	文献[103]	22	0	12.1	18	0	9.3	12.3
	文献[107]	14	0	8.7	10	0	6.8	23.6
	本书算法	4	0	1.5	3	0	1.4	21

为了验证本书算法在煤矿井下实验效果。实验小组在西安科技大学胶带运输机实验室采集了一段模拟胶带运输机可疑物跟踪视频，实验结果如图 6.12 所示。

通过上述实验结果可以得到，本书所提算法在煤矿胶带运输机相对运动状态下也能较好跟踪目标。

图 6.13 是本书算法对煤矿井下主巷道多人员现场工作会的多目标混合状态下的跟踪效果图。视频中前景出现多个目标，但只有被跟踪目标在移动，其他目标基本保持不动或微动。而本书算法并未受到微动目标的干扰，验证了本书算法对跟踪场景具有比较好的鲁

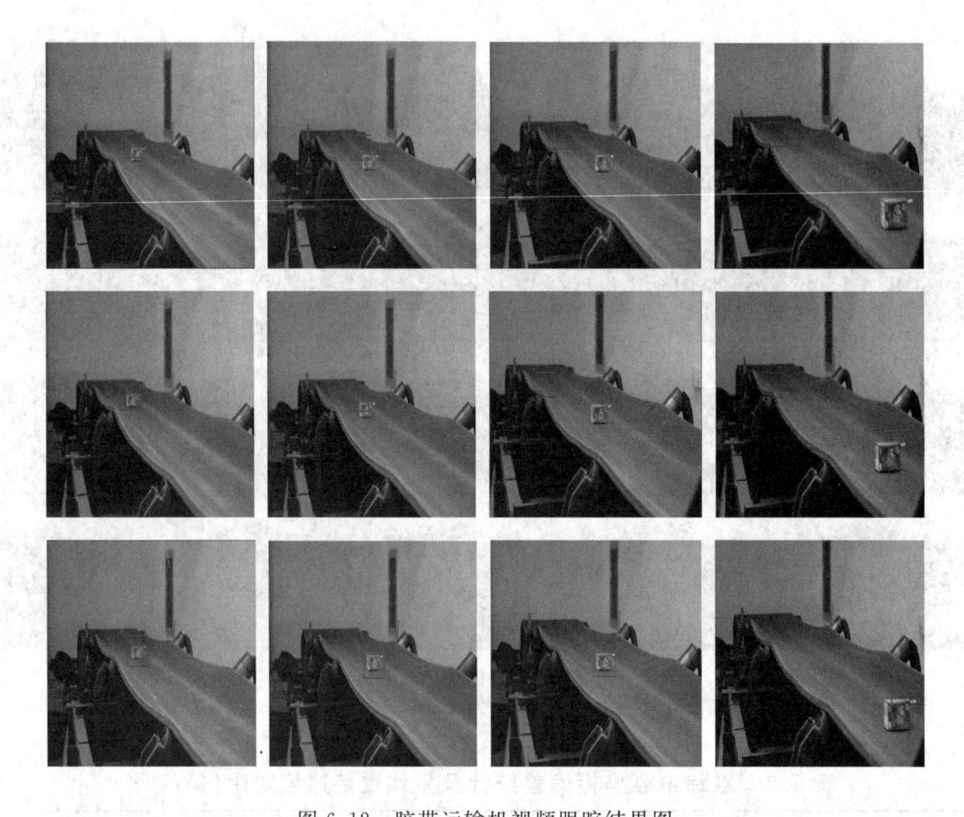

图 6.12 胶带运输机视频跟踪结果图

（从上到下分别是：Mean Shift 算法，文献[103]算法，本书算法，帧数：386，401，416，446）

棒性。

图 6.13 某煤矿主巷道单动态目标跟踪效果图(帧数：211，236，261)

6.5.4 离散场景同一目标跟踪融合算法实验分析

本节实验采用三段离散区域的视频，分别称为视频 A、视频 B 以及视频 C。在视频 A 中存在不止一个运动目标，首先，在视频中 A 手动框选出需要识别的运动目标，并且截取出框选区域的跟踪目标，并作为 Mean shift 描述子；其次，对视频 B 做帧差法并且得到帧差法描述子与其坐标，与此同时，将在视频 A 中得到的 Mean shift 描述子与视频 B 的每一帧图像做 SIFT 算法，得到 SIFT 描述子的中心坐标，并判断 SIFT 描述子的中心坐标是否在帧差法描述子的范围内，进而得到有效描述子；最后，得到有效描述子并结合改进的

CBWH 算法得到识别的结果。

在视频 A 中框选目标人物，并截取手动框选区域的目标，结果如图 6.14 所示。

图 6.14　视频 A 跟踪结果(从左至右依次为：视频 A 中第一帧原图，手动框选目标图片区域)

通过上述的目标识别步骤，可以在视频 B 中识别出目标人物，识别结果如图 6.15 所示。

图 6.15　视频 B 中目标识别结果图(从左至右依次为：第 7 帧、第 10 帧、第 46 帧识别结果图)

对于视频 C，同样重复步骤(1)到步骤(6)，从而找到视频 A 中的目标人物，识别结果如图 6.16 所示。

图 6.16　视频 C 中运动目标识别结果图(从左至右依次为：第 8 帧、第 19 帧、第 56 帧识别结果图)

从图 6.15 可以看出，在视频 B 中同样存在其他运动目标，然而本书算法仍能识别出需要识别的目标人物。视频 C 中，场景更加复杂，视频中存在有其他运动目标以及穿着与候选目标相似的目标人物，本书算法也能够很好地识别出候选运动目标。

6.6　小　　结

针对动态目标运动的复杂性，以及光照变化、遮挡等因素对动态目标跟踪性能的影响。本章在研究基于特征跟踪的算法基础上，提出了基于多特征判定准则的目标跟踪融合算法以及离散场景同一目标跟踪融合算法。主要内容包括：

(1) 提出了基于多特征判定准则的目标跟踪融合算法，该算法首先引入局部背景信息加强对目标的描述；其次在多特征融合过程中利用多种判定准则自适应计算特征权值；最后在 Mean Shift 框架下，结合 Kalman 滤波完成对目标的跟踪。本章对标准视频、胶带运输机跟踪视频以及煤矿主巷道现场工作会视频进行了实验对比，实验结果表明，本书算法能更有效地提高煤矿复杂环境下的跟踪准确性。

(2) 针对离散场景下的运动目标跟踪问题，本书提出了将帧差法、SIFT 与 CBWH 算法融合的跟踪算法，并且详述了该算法的跟踪过程与步骤，实验结果表明，本书算法能够在离散视频中较好的找到同一目标。

第7章 基于三频彩色条纹投影轮廓术的微变监测

在研究动态物体快速精确的三维测量时，彩色条纹投影是一种经常采用的方法。Huang等[117]提出将条纹投影技术用于高速三维面形测量，并取得良好效果。第二年，纽约石溪州立大学的Pan等提出将彩色编码条纹投影用于三维面形测量。

三频彩色条纹投影技术是基于三角测量原理的测量技术。首先，利用相移法或傅立叶变换等方法获得相位信息；然后，通过差频或者条纹编码获得展开相位信息；最后，对三维系统进行标定，得到相位与三维信息之间的对应关系，从而获得物体的三维数据。彩色条纹投影技术可同时利用多个颜色通道独立计算被测物体相位信息，非常适合于运动物体的快速测量。基于彩色条纹投影的三维测量方法具有非接触操作、全场测量、数据处理速度快等优点，因而在很多商业领域都得到了广泛的应用。

立体视觉是被动式光学三维测量技术的典型。美国麻省理工学院的Marr提出了一种视觉计算理论，该理论对立体视觉的发展产生了极大的影响。立体视觉法的代表技术是双目立体视觉，它是利用同一物体不同视角下的两幅图像获取物体三维几何信息的测量方法。这种方法的系统较简单，但易受光照、遮挡和被测物纹理的影响。

三频彩色条纹投影轮廓术，是将彩色条纹投影与立体视觉融合的一种三维传感方法，可以快速实现易变物体的三维测量。该方法是基于单帧拍摄的全场三维测量技术，是解决动态复杂物体三维测量的精度和实时性问题的新方法，且处于国际先进水平，目前，广泛用于国防和民用领域。

7.1 三维测量相关技术简介

1998年，Huang等人提出一种具有自适应时频分辨能力的信号分析[117]方法——经验模式分解(Empirical Mode Decomposition，EMD)。由于EMD良好的性能，人们将其推广到二维经验模式分解(Bidimensional Empirical Mode Decomposition，BEMD)，BEMD是一种后验的处理方法，近年来多用于图像多尺度分析。

由于光学测量方法具有非接触、精度高等优点，因此广泛应用于三维测量领域。在三维测量领域，动态、实时的三维测量是研究的热点和难点。被广泛应用的光学三维测量方法有结构光投影法、立体视觉法、激光扫描法、激光干涉法、飞行时间法等，如图7.1所示。激光扫描法由于耗时较长，一般难以用于动态物体扫描；激光干涉法和共聚焦法对环境要求苛刻，设备复杂昂贵，一般用于特定行业的精密测量。适用于动态扫描的3D测量方法主要有飞行时间法、数字全息法、结构光投影法、立体视觉法和主、被动相融合法这几类。下面对这些方法做一些简要介绍。

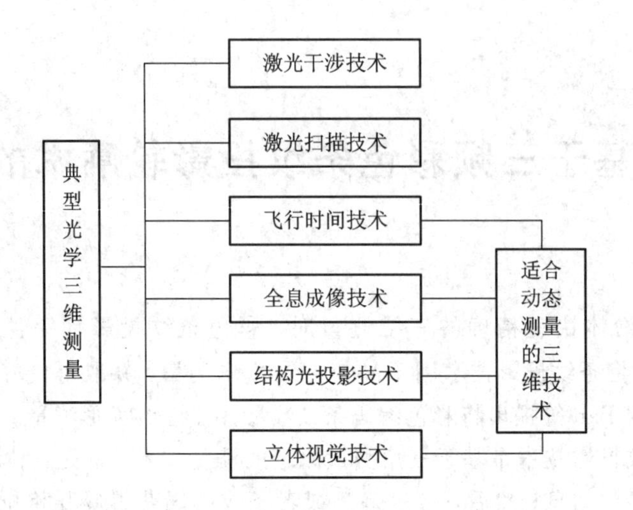

图 7.1 典型光学三维测量技术分类

1. 飞行时间技术

飞行时间技术(Time of Flight, TOF)[119-120]利用光速或声速在空气(或某一媒介)中的传播速度是定值的原理实现测距。飞行时间法的优点是结构紧凑小型化，缺点是像素分辨率和深度分辨率较低。

2. 数字全息技术

数字全息技术[121-124]通过电荷耦合器件(Charged Coupled Device, CCD)和互补金属氧化物半导体(Complementary Metal Oxide Semiconductor, CMOS)，拍摄全息图来实现物体的三维获取，记录效率高，便于存储、复制和传输。但是数字全息技术还不成熟，存在很多的技术瓶颈，比如视场和空间分辨率不足，数据处理速度较慢，真彩色难以重现等。

3. 结构光投影技术

结构光投影技术是主动式光学三维测量技术的代表。它投影条纹图或编码图案至被测物体表面，通过对 CCD 拍摄的变形条纹图进行计算和分析，解调出被测物体的高度信息。传统的结构光技术一般要求被测物在静止状态下实施测量，故难以测量动态物体。对其进行改进后的技术主要有快速相移技术和彩色条纹编码三维轮廓术。

1) 快速相移技术

为了测量动态物体，研究人员对传统结构光方法进行了改进，提出了快速切换式相移技术[125]，其原理是数字投影仪中色轮的定位信号作为同步信号与 CCD 同步，并将 3 步相移的三幅相位图编入投影仪 RGB 三通道，以达到三幅黑白相移图的投影与 CCD 的拍摄同步进行的目的。测量的速率可以达到 30 帧/秒。

该技术的主要局限是：

(1) 数字光投影仪(Digital Light Procession, DLP)采用色轮旋转技术，不是真正意义上的 RGB 同时投影，所以不能测量快速运动物体。

(2) 相位展开较为困难，必须依靠先验知识和特定模型，难以通用。

2) 彩色条纹编码三维轮廓术

彩色条纹编码三维轮廓术(Color-encoded Fringe Pattern Profilometry)[126-129]，是以彩

色条纹作为物体三维信息的加载和传递工具，彩色CCD相机作为图像获取器件，通过计算机软件处理，对颜色信息进行分析、解码，获取物体的三维轮廓数据。如图7.2所示为彩色黑白复合编码条纹的示意图。

图7.2　彩色黑白复合编码条纹示意图

彩色条纹编码三维轮廓术计算速度快，适用于人体等动态物体和具有台阶、陡峭表面物体的测量。由于物体表面颜色影响较大，图像的分色问题成为彩色条纹编码三维轮廓术的关键问题，该技术测量精度相对较低。

4. 立体视觉技术

立体视觉技术[130-131]是被动式光学三维测量技术的典型。它采用非结构光照明的方式，从一个或多个观察系统中的二维信息合成第三维信息(如物体的三维空间坐标)。具有结构简单、不需要投影光、组建灵活等优点，在许多场合应用广泛。然而随着研究的逐步深入，人们发现单一的立体视觉方法由于多种因素的影响，由二维信息恢复三维信息的匹配实际上是一个病态的过程，因此很难开发出鲁棒性好且计算速度快的匹配算法。因此，要开发适合复杂动态物体的精度高、计算速度快的立体视觉系统需要对匹配问题进行多方法综合处理。图7.3是立体视觉3D重建效果示例。

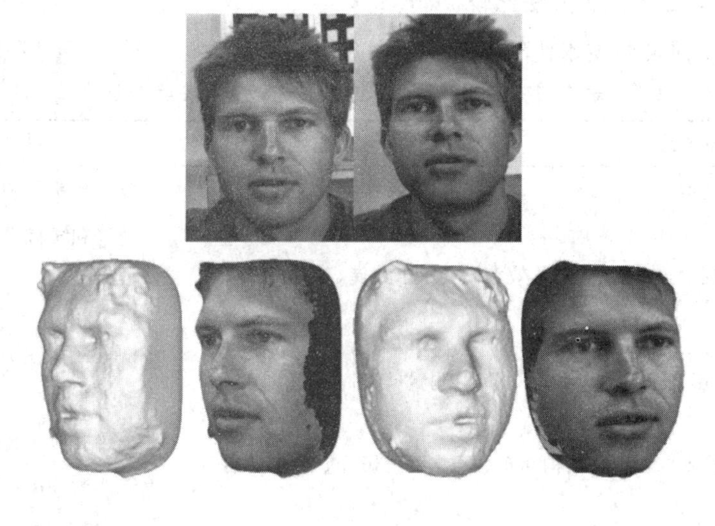

图7.3　立体视觉3D重建效果示例

5. 主、被动相融合的三维测量技术

研究结构光投影技术与立体视觉技术的特点，可以看出前者往往需要被测物面形状尽可能的平滑，反射率尽量均匀一致；而后者则要求被测物面纹理、形状变化显著，特点突出。两种技术之间具有一种对立互补的关系，有学者就根据信息融合的思想[132-136]，试图将两者相结合起来，同时利用物面特征和结构光场特征来提高测量效果。然而，目前的方法多采用投影随机散斑辅助立体视觉匹配，比如微软的 Kinect 技术采用红外随机编码，TechMed3D 公司采用白光散斑投影等。由于散斑场的不规则性及物体表面的复杂性，导致匹配结果精度较低，通常在毫米级，限制了这类技术在更精密场合的应用。

1）微软 Kinect 技术

微软的 Kinect 技术最初用于游戏娱乐设备的动作捕捉，其 3D 成像基础原理是基于红外随机散斑的立体视觉技术，是一款较为成功的动态三维扫描技术。其主要的局限是红外光的光学成像分辨率较低，导致测量精度较低，通常在 10～20 mm，难以满足精度要求较高的场合。

2）白光散斑投影技术

该技术利用白光散斑场的随机性进行立体视觉的匹配，提高了匹配速度和精度，国外已有技术的测量精度可达到 1 mm。图 7.4 是 TechMed3D 公司的手持式扫描仪及扫描结果。

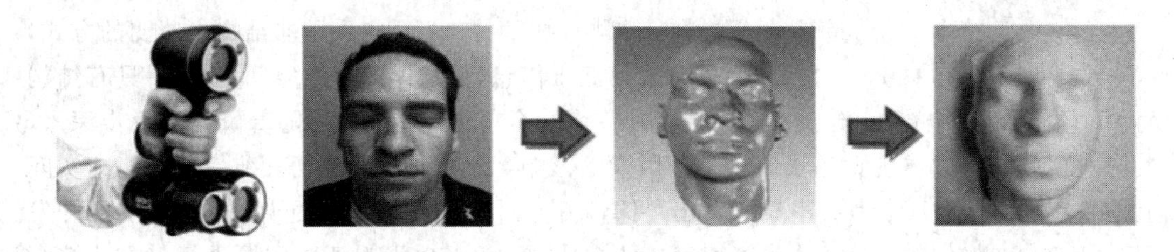

图 7.4　手持式 3D 扫描仪（TechMed3D 公司）及扫描结果图

6. 常用光学三维测量方法比较

常用光学三维测量技术优缺点对比如表 7.1 所示。

表 7.1　常用光学三维测量技术优缺点对比

光学三维测量方法	优　点	缺　点
飞行时间技术	结构紧凑小型化	像素分辨率和深度分辨率较低
数字全息技术	记录效率高，便于存储、复制和传输	视场和空间分辨率不足，数据处理速度较慢，真彩色难以重现等
传统结构光投影技术	测量精度高	测量速度相对较慢，难以应用于动态物体
立体视觉技术	结构简单、不需要投影光、组建灵活等	很难开发出鲁棒性好又计算快速的匹配算法
主、被动相融合技术	测量速度快、可靠性高	测量精度目前仍然较低

7.2　三频彩色条纹投影轮廓术的技术原理

三频彩色条纹投影轮廓术采用的光路结构如图 7.5 所示，利用用计算机生成式（7.1）

所示的三频正弦条纹图，并将其分别调制于投影仪的R、G、B三个通道中，形成了三频彩色正弦条纹图。

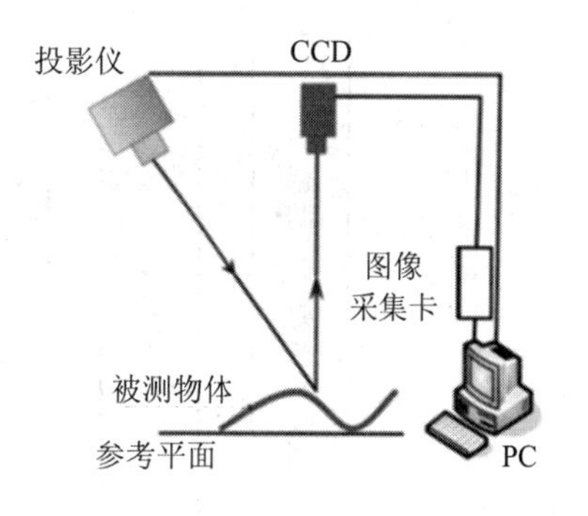

图7.5 光路结构图

$$\begin{bmatrix} R(x, y) \\ G(x, y) \\ B(x, y) \end{bmatrix} = \begin{bmatrix} a_r \\ a_g \\ a_b \end{bmatrix} + \begin{bmatrix} b_r \cos(2\pi f_r x) \\ b_g \cos(2\pi f_g x) \\ b_b \cos(2\pi f_b x) \end{bmatrix} \tag{7.1}$$

式中：$\{a_i, i=r, g, b\}$为三频正弦条纹的均值；$\{b_i, i=r, g, b\}$为条纹对比度；$\{f_i, i=r, g, b\}$为载频频率，并假定$f_r<f_g<f_b$。

投影仪将三频彩色正弦条纹图投影至被测物体表面，彩色CCD从另一角度拍摄经物体高度调制的彩色变形条纹图，考虑商用投影仪和CCD的颜色耦合，CCD拍摄的彩色变形条纹图的光强分布表示为：

$$\begin{bmatrix} g_r(x, y) \\ g_g(x, y) \\ g_b(x, y) \end{bmatrix} = \begin{bmatrix} C_{rr} & C_{rg} & C_{rb} \\ C_{gr} & C_{gg} & C_{gb} \\ C_{br} & C_{bg} & C_{bb} \end{bmatrix} \begin{bmatrix} r_r(x, y) \cdot \{a_r + b_r \cos[2\pi f_r x + \Phi_r(x, y)]\} \\ r_g(x, y) \cdot \{a_g + b_g \cos[2\pi f_g x + \Phi_g(x, y)]\} \\ r_b(x, y) \cdot \{a_b + b_b \cos[2\pi f_b x + \Phi_b(x, y)]\} \end{bmatrix} + \begin{bmatrix} n_r(x, y) \\ n_g(x, y) \\ n_b(x, y) \end{bmatrix} \tag{7.2}$$

式中：$\{C_{ij}\leqslant 1, i, j=r, g, b\}$为R、G、B通道之间的颜色耦合系数，一般地$\{C_{ij}\in[0.1\ 0.3], i\neq j, C_{ij}=1, i=j\}$；$\{r_i(x, y), i=r, g, b\}$分别为被测物体对红、绿、蓝三种颜色的非均匀反射率分布；$\{\Phi_i(x, y), i=r, g, b\}$为经物体高度调制的相位分布；$\{n_i(x, y), i=r, g, b\}$为高频噪声。

令$A_i(x, y)=r_i(x, y)a_i$，$B_i(x, y)=r_i(x, y)b_i(i=r, g, b)$则式(7.2)可以写成：

$$\begin{bmatrix} g_r(x, y) \\ g_g(x, y) \\ g_b(x, y) \end{bmatrix} = \begin{bmatrix} C_{rr} & C_{rg} & C_{rb} \\ C_{gr} & C_{gg} & C_{gb} \\ C_{br} & C_{bg} & C_{bb} \end{bmatrix} \begin{bmatrix} A_r(x, y) + B_r \cos[2\pi f_r x + \Phi_r(x, y)] \\ A_g(x, y) + B_g \cos[2\pi f_g x + \Phi_g(x, y)] \\ A_b(x, y) + B_b \cos[2\pi f_b x + \Phi_b(x, y)] \end{bmatrix} + \begin{bmatrix} n_r(x, y) \\ n_g(x, y) \\ n_b(x, y) \end{bmatrix} \tag{7.3}$$

当$L\gg h(x, y)$时，相位与高度有如下关系：

$$h(x, y) = -\frac{L\Delta\Phi_i(x, y)}{2\pi f_i d} = -\frac{L}{2\pi f_i d}[\Phi_i(x, y) - \Phi_{0i}(x, y)], (i=r, g, b) \tag{7.4}$$

式中：$\{\Phi_{0i}(x, y), i=, r, g, b\}$为参考面的相位分布。

由上式可见，只要精确获取高频条纹载频项的展开相位，就能恢复出被测物体高精度的三维轮廓信息。但要实现这个目标，首先需要解决以下几个问题：

(1) 消除条纹背景和非均匀反射率噪声的影响；

(2) 解除商用投影仪和CCD间颜色耦合，精确分离出载频项[137]，实现包裹相位的快速展开。

具体地，基于BEMD的被测物体微变检测技术的基本原理如图7.6所示。

其具体步骤如下：

步骤1：利用计算机生成低、中、高三种频率的正弦条纹图，将其分别调制在投影仪的R、G、B三个通道中，形成三频彩色正弦条纹图；

步骤2：投影仪将其投影至被测物体表面。彩色CCD从另一角度拍摄彩色变形条纹

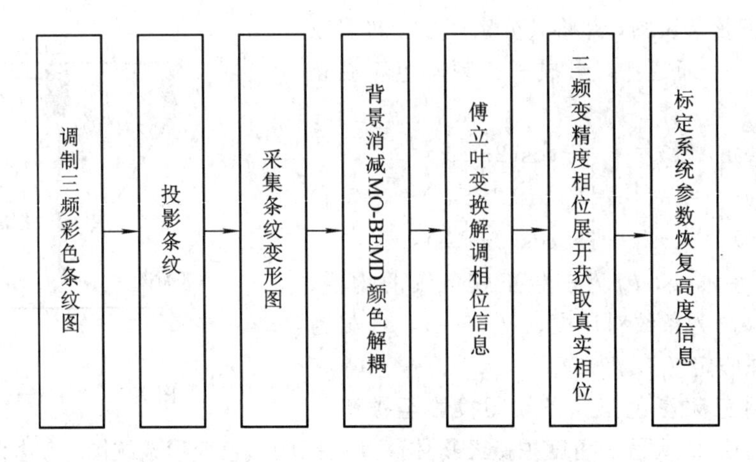

图 7.6　三频彩色条纹投影轮廓术技术原理

图，并将变形条纹图中 R、G、B 三分量相互消减条纹背景干扰和反射率噪声；

步骤 3：用二维经验模式分解(BEMD)算法进行颜色解耦，分离出各载频项；

步骤 4：进而以二维傅立叶变换解调相位；

步骤 5：以三频变精度相位展开技术[138-141]按低、中、高频顺序依次完成包裹相位的展开，得到高频载频项的展开相位；

步骤 6：标定系统，恢复被测物体微变的高度信息。

其中，背景消减、颜色解耦合相位展开是关键技术，是影响精度和可靠性的主要因素。

7.2.1　经验模式分解

BEMD 对二维图像的筛分过程，本质是自适应地将图像信号分解为一系列本征模式函数(Bidimensional Intrinsic Mode Function，BIMF)，实现图像从高频到低频自然尺度下的分离的过程。

下面以二维 $M\times N$ 像素大小的图像信号 $I(m, n)$，$m=1, \cdots, M$，$n=1, \cdots, N$ 进行二维筛分，介绍矩阵二维经验模式分解方法的基本步骤：

(1) 图像初始化。将原图像 $I(m, n)$ 赋给 $r_0(m, n)=I(m, n)$，$k=1$，其中 k 为所分解的 IMF 的层数；

(2) 提取第 k 个 IMF 函数 $\mathrm{imf}_k(m, n)$：

① 初始化，$h_{k,0}=r_{k-1}(m, n)$，$l=1$，l 为分解的次数；

② 找出 $h_{k,l-1}(m, n)$的局部极大值点集和局部极小值点集；

③ 使用合适的二维曲面插值方法，插值计算出 $h_{k,l-1}(m, n)$的上包络面 $E_{\mathrm{max},l-1}(m, n)$ 和下包络面 $E_{\mathrm{min},l-1}(m, n)$；

④ 计算其平均包络面 $E_{\mathrm{mean},l-1}(m, n)=[E_{\mathrm{max},l-1}(m, n)+E_{\mathrm{min},l-1}(m, n)]/2$；

⑤ 计算 $h_{k,l}(m, n)=h_{k,l-1}(m, n)-E_{\mathrm{mean},l-1}(m, n)$，$l=l+1$；

⑥ 计算标准偏差 SD，当 $\mathrm{SD}\leqslant\eta$ 时，$\mathrm{imf}_k(m, n)=h_{k,l}(m, n)$，否则，转步骤②。

(3) 计算分解后的剩余图像，$r_k(m, n)=r_{k-1}(m, n)-\mathrm{imf}_k(m, n)$；

(4) 如果分解后的剩余图像含有两个以上的极值点，则返回步骤(2)和(3)，直到余量 $r_k(m, n)$没有极值点为止，结束整个 BEMD 过程。

最后，二维图像信号被分解为若干个 IMF 函数和余量之和，即

$$I(m, n) = \sum_{k=1}^{K} \mathrm{imf}_k(m, n) + r_K(m, n) \tag{7.5}$$

与一维情况下类似，“筛分”过程停止条件采用相邻两次筛选结果的标准差的方法，即标准偏差 SD：

$$\mathrm{SD} = \sum_{m=1}^{M} \sum_{n=1}^{N} \left[\frac{|h_{k,l-1}(m, n) - h_{k,l}(m, n)|^2}{h_{k,l-1}^2(m, n)} \right] \tag{7.6}$$

BEMD 的标准偏差 SD 的阈值 η 目前还没有一个好的标准，很大程度上要靠经验获得。η 的经验值通常设在 0.1～0.3 之间。

以上步骤即为完成图像信息二维筛分的全过程。采用 BEMD 方法对图像信号分解的流程图如图 7.7 所示。

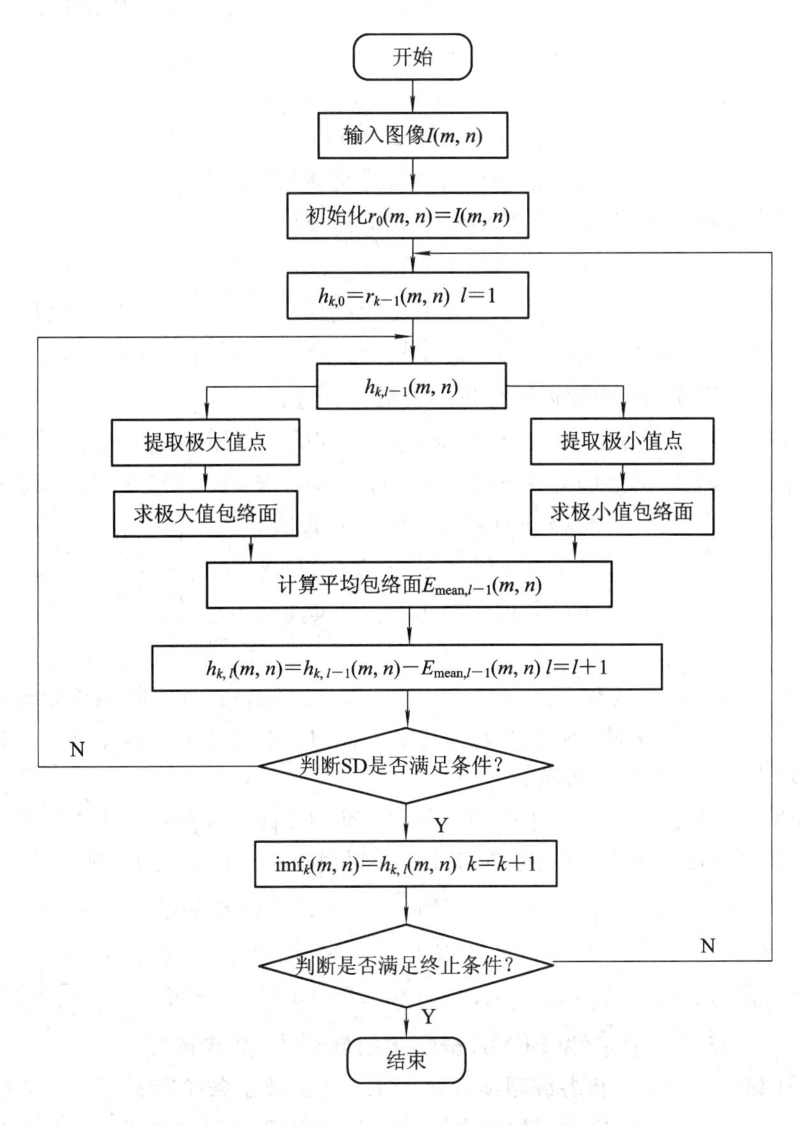

图 7.7　BEMD 分解流程图

7.2.2 背景消减和颜色解耦

用傅立叶变换解调条纹相位时，条纹背景的干扰限制了测量范围，影响了测量精度。为此，需要消减条纹背景的干扰。此外，商用投影仪和CCD间颜色耦合现象使得从单通道条纹图中很难精确分离出各通道条纹的载频项。三频彩色条纹投影轮廓术采用通道条纹图互减的方法消减背景干扰，而后以BEMD实现颜色解耦和载频项的精确分离，具体步骤为：

在投影三频彩色条纹图时，首先根据光强非线性校正方法对投影条纹进行初步校正，获得正弦性良好的正弦条纹图；然后根据陈文静等人[142]提出的方法进一步校正条纹图，使各通道条纹图中背景项近似相等。假设R、G、B通道条纹图的均值分别为m_r，m_g，m_b，以高频通道(B通道)条纹均值为基准，采用下式校正R、G通道条纹的均值：

$$\begin{bmatrix} g_{1r}(x, y) \\ g_{1g}(x, y) \\ g_{1b}(x, y) \end{bmatrix} = \begin{bmatrix} g_r(x, y) \\ g_g(x, y) \\ g_b(x, y) \end{bmatrix} + \begin{bmatrix} m_b - m_r \\ m_b - m_g \\ 0 \end{bmatrix} \tag{7.7}$$

式中：$\{g_{1i}, i=r, g, b\}$为经过均值校正后的各通道条纹光强分布。

经校正后，各通道条纹图中的背景项近似相等，即

$$\begin{bmatrix} C_{rr} \\ C_{rg} \\ C_{rb} \end{bmatrix}^{\mathrm{T}} \begin{bmatrix} A_r(x, y) \\ A_g(x, y) \\ A_b(x, y) \end{bmatrix} = \begin{bmatrix} C_{gr} \\ C_{gg} \\ C_{gb} \end{bmatrix}^{\mathrm{T}} \begin{bmatrix} A_r(x, y) \\ A_g(x, y) \\ A_b(x, y) \end{bmatrix} \approx \begin{bmatrix} C_{br} \\ C_{bg} \\ C_{bb} \end{bmatrix}^{\mathrm{T}} \begin{bmatrix} A_r(x, y) \\ A_g(x, y) \\ A_b(x, y) \end{bmatrix} \tag{7.8}$$

消减背景：分别用高、中频通道分量减去低频分量：

$$\begin{aligned} \begin{bmatrix} f_{\mathrm{Mid\_low}}(x, y) \\ f_{\mathrm{High\_low}}(x, y) \end{bmatrix} &= \begin{bmatrix} g_g(x, y) - g_r(x, y) \\ g_b(x, y) - g_r(x, y) \end{bmatrix} \approx \begin{bmatrix} C_{gr} - C_{rr} & C_{gg} - C_{rg} & C_{gb} - C_{rb} \\ C_{br} - C_{rr} & C_{bg} - C_{rg} & C_{bb} - C_{rb} \end{bmatrix} \\ &\quad \times \begin{bmatrix} B_r(x, y) \cdot \cos[2\pi f_r + \Phi_r(x, y)] \\ B_g(x, y) \cdot \cos[2\pi f_g + \Phi_g(x, y)] \\ B_b(x, y) \cdot \cos[2\pi f_b + \Phi_b(x, y)] \end{bmatrix} + \begin{bmatrix} n_g(x, y) - n_r(x, y) \\ n_b(x, y) - n_r(x, y) \end{bmatrix} \end{aligned} \tag{7.9}$$

采用二维离散小波变换对$f_{\mathrm{High_low}}(x, y)$和$f_{\mathrm{Mid_low}}(x, y)$进行降噪预处理，需要注意的是在$f_{\mathrm{Mid_low}}(x, y)$降噪时，应适当地将其中耦合的少量高频分量也滤除掉，避免它干扰低频载频项的分离，造成模式混叠。

采用BEMD对$f_{\mathrm{High_low}}(x, y)$进行两层分解，BIMF1即为高频载频项。对$f_{\mathrm{Mid_low}}(x, y)$进行两层分解，BIMF1，BIMF2分别对应中、低频载频项。如式(7.10)所示：

$$\begin{bmatrix} \overline{g_r}(x, y) \\ \overline{g_g}(x, y) \\ \overline{g_b}(x, y) \end{bmatrix} = \begin{bmatrix} (C_{gr} - C_{rr}) B_r(x, y) \cdot \cos[2\pi f_r + \Phi_r(x, y)] \\ (C_{gg} - C_{rg}) B_g(x, y) \cdot \cos[2\pi f_g + \Phi_g(x, y)] \\ (C_{bb} - C_{rr}) B_b(x, y) \cdot \cos[2\pi f_b + \Phi_b(x, y)] \end{bmatrix} \tag{7.10}$$

式中：$\overline{g_i}(x, y)$，$(i=r, g, b)$为BEMD分离出的低、中、高载频项。

这样，BEMD自适应地将各载频项分离出来，既消减了条纹背景干扰，又解除了颜色的耦合，采用二维傅立叶变换就可以简单方便的解调各载频项中的相位，但是二维傅立叶变换解调出的相位都包裹在$(-\pi, \pi)$，需要进一步对包裹相位进行展开。

7.2.3 三频变精度相位展开

二维傅立叶变换解调出来的相位包裹在$(-\pi, \pi)$，需要对其展开成连续分布的真实相位。三频变精度相位展开方法[138-139]是对相位图中的各点按低、中、高的顺序逐级进行包裹相位的展开，不需要借助邻域相位信息，具有很好的鲁棒性，可靠性高，并且处理速度快。

三频变精度相位展开的基本原理为：设各精度下的包裹相位为$\Delta\phi_i(x, y)$，$(i=r, g, b)$，展开相位为$\Delta\Phi_i(x, y)$，$(i=r, g, b)$，并保证低精度下的相位无包裹或只有少量包裹，可以简单展开为

$$\Delta\Phi_r(x, y) = \Delta\phi_r(x, y) \tag{7.11}$$

$$\Delta\Phi_i(x, y) = \Delta\phi_i(x, y) + 2n_i(x, y)\pi, \quad (i = g, b) \tag{7.12}$$

先以低精度展开相位为参考，求中精度下的展开相位：

$$n_g(x, y) = \mathrm{INT}\left[\frac{\Delta\Phi_g(x, y)}{2\pi}\right] = \mathrm{INT}\left[\frac{\dfrac{k_r\Delta\Phi_r(x, y)}{k_g} - \Delta\Phi_g(x, y)}{2\pi}\right] \tag{7.13}$$

式中：INT 为取整操作；$k_r = -\dfrac{L}{2\pi f_r d}$，$k_g = -\dfrac{L}{2\pi f_g d}$。

因为噪声和系统标定会产生误差，必须对式(7.13)求得的$n_g(x, y)$进行修正，设两种精度下测的高度之差为

$$\Delta(m) = k_g[\Delta\phi_g(x, y) + 2m\pi] - k_r\Delta\phi_r(x, y), \ [m = n_g(x, y), n_g(x, y) \pm 1] \tag{7.14}$$

式中每一点都存在一个 m 值使得$\Delta(m)$最小，令 m 此时的集合为$n_{0g}(x, y)$，则经修正后的中精度展开相位为

$$\Delta\Phi_g(x, y) = \Delta\phi_g(x, y) + 2m_{0g}(x, y)\pi \tag{7.15}$$

同样地，以中精度下的展开相位$\Delta\Phi_g(x, y)$为参考，可以得到高精度下的展开相位$\Delta\Phi_b(x, y)$。

7.2.4 纹理恢复原理

下式(7.16)为颜色耦合模型，式(7.17)为条纹校正。以高频通道(B 通道)条纹$g_b(x, y)$(($g_b(x, y) = g_{1b}(x, y)$)为例介绍纹理恢复算法，将$g_b(x, y)$展开为

$$\begin{aligned}
g_b(x, y) &= C_{br}\{A_r(x, y) + B_r(x, y)\cdot\cos[2\pi f_r x + \Phi_r(x, y)]\} \\
&\quad + C_{bg}\{A_g(x, y) + B_g(x, y)\cdot\cos[2\pi f_g x + \Phi_g(x, y)]\} \\
&\quad + C_{bb}\{A_b(x, y) + B_b(x, y)\cdot\cos[2\pi f_b x + \Phi_b(x, y)]\} + n_b(x, y) \\
&= C_{bb}A_b(x, y) + C_{br}A_r(x, y) + C_{bg}r_g A_g(x, y) \\
&\quad + C_{bb}B_b(x, y)\cdot\cos[2\pi f_b x + \Phi_b(x, y)] \\
&\quad + C_{bg}B_g(x, y)\cdot\cos[2\pi f_g x + \Phi_g(x, y)] \\
&\quad + C_{br}B_r(x, y)\cdot\cos[2\pi f_r x + \Phi_r(x, y)] + n_b(x, y)
\end{aligned} \tag{7.16}$$

式中：$C_{bb}A_b(x, y)$为对应高频条纹背景；$C_{br}A_r(x, y)$和$C_{bg}A_g(x, y)$为耦合的少量低、中频条纹背景，可以忽略；$C_{bb}B_b(x, y)\cdot\cos[2\pi f_b x + \Phi_b(x, y)]$为与$\overline{g_b}(x, y)$存在$c_1$的倍数

关系；$C_{bg}B_g(x, y) \cdot \cos[2\pi f_g x+\Phi_g(x, y)]$为与$\overline{g_g}(x, y)$存在$c_2$的倍数关系；$C_{br}B_r(x, y) \cdot \cos[2\pi f_r x+\Phi_r(x, y)]$为与$\overline{g_r}(x, y)$存在$c_3$的倍数关系。

将高频条纹背景与噪声定义为高频纹理 Texture(x, y)，则 Texture(x, y)的表达式为：

$$\text{Texture}(x, y) \approx g_b(x, y) - c_1\overline{g_b}(x, y) - c_2\overline{g_g}(x, y) - c_3\overline{g_r}(x, y) \tag{7.17}$$

式中，c_1、c_2、c_3为待优化的系数。为了求得 Texture(x, y)的最优解，选取 Texture(x, y)中高、中、低频率对应的频谱能量和最小值为价值函数，模拟退火算法作为迭代方法对 Texture(x, y)进行优化计算。

7.2.5 亚像素级匹配

首先，利用三频变精度相位展开方法实现全场包裹相位的展开，得到双目图像高精度的条纹绝对相位分布；其次，在条纹绝对相位层进行全局快速粗匹配；最后，反过来，在高频条纹灰度层进行二维插值，采用灰度归一化相关系数模板匹配算法进行亚像素级匹配，得到精确的双目视差图，并标定双目立体视觉系统，恢复被测物体的三维空间信息。

归一化相关(Normalized Cross-Correlation，NCC)算法是一种典型的基于灰度相关的算法，具有不受比例因子误差的影响和抗白噪声能力强等优点。该算法以归一化相关系数作为实时图像和基准图像之间的相似性度量准则，通过逐一比较实时图像与各匹配位置处的基准子图之间的相关系数进行匹配。

模板匹配的工作方式大致如下：通过在输入图像上滑动图像块对实际的图像块和输入图像进行匹配。假设有一张 100×100 的输入图像，模板图像为 10×10，查找的过程是这样的：

(1) 从输入图像的左上角(0，0)开始，切割一块(0，0)至(10，10)的临时图像；

(2) 用临时图像和模板图像进行对比，对比结果记为 c；

(3) 对比结果 c，即为结果图像(0，0)处的像素值；

(4) 切割输入图像从(0,1)至(10,11)的临时图像，与模板图像对比，并记录到结果图像；

(5) 重复(1)～(4)过程，直到输入图像的右下角。

7.3 模拟微变监测实验与分析

本实验对硬件的要求较低，只需要彩色 CCD、投影仪、数据采集卡等几个主要部件即可。处理平台为：CPU(酷睿 i7 4GHz)，DDR3 4GB 内存。其他相应的指标以及作用如表 7.2 所示。

表 7.2 系统所需硬件及其说明

硬件名称	性能指标	作　用	备　注
彩色 CCD	分辨率 1280×960，帧速率 30～100 帧/秒可调	拍摄图像	一般商用即可
投影仪	分辨率 1280×800，DLP	投影彩色条纹	一般商用即可
数据采集卡	千兆网口	图像采集	无
立体视觉支架	无	连接、支撑其他设备	自行设计

为了验证实验的真实性，本书搭建了模拟墙壁实验系统，如图 7.8 所示。

图 7.8　模拟墙壁实物图

测试距离为 1 m，所用平台及方法同上。图 7.9 是实验所得 4 组微变处理图及相关高程数据。

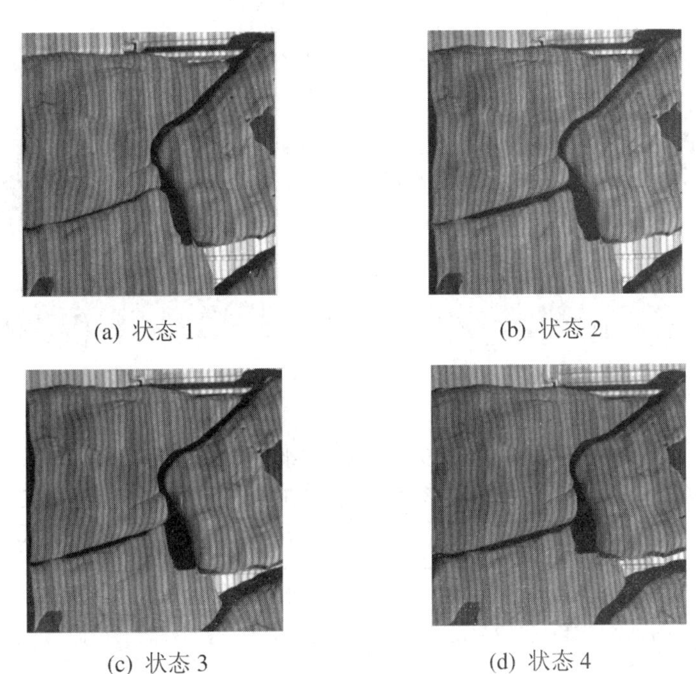

(a) 状态 1　(b) 状态 2

(c) 状态 3　(d) 状态 4

图 7.9　一组模拟墙壁微变状态条纹图

表 7.3 横纵坐标均取 251～255 点，高程数据单位：mm。从图 7.10 所示实验数据可以看出，三频彩色条纹投影轮廓术可以对模拟墙壁边坡微变过程进行精确检测，测量精度为 0.1 mm。根据恢复的同一区域不同时刻的三维高度信息数据，采用相关算法，就可以准确、高效地判断被测墙壁是否发生形变。整个计算过程处理时间为 2.14 秒，若使用高性能 GPU 处理器实时性会更好。此外，该方法所需设备简单、成本较低、采集面大。

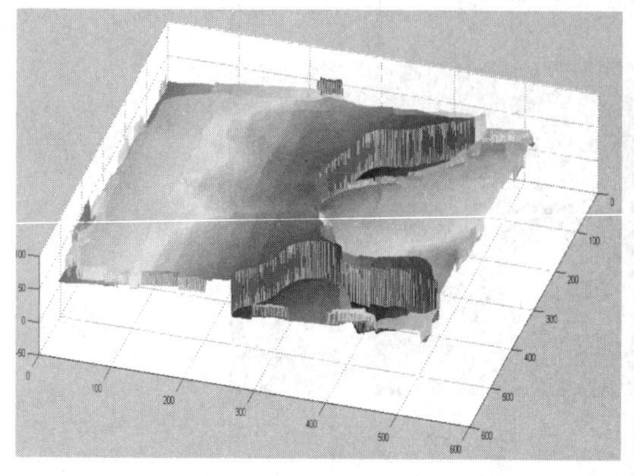

(a) 状态 1 三维复原图

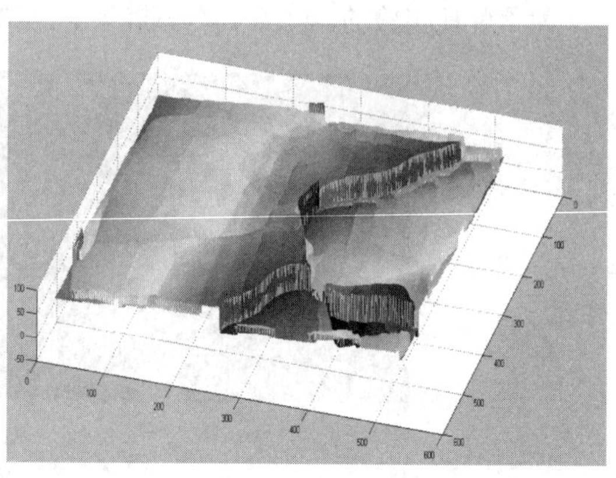

(b) 状态 2 三维复原图

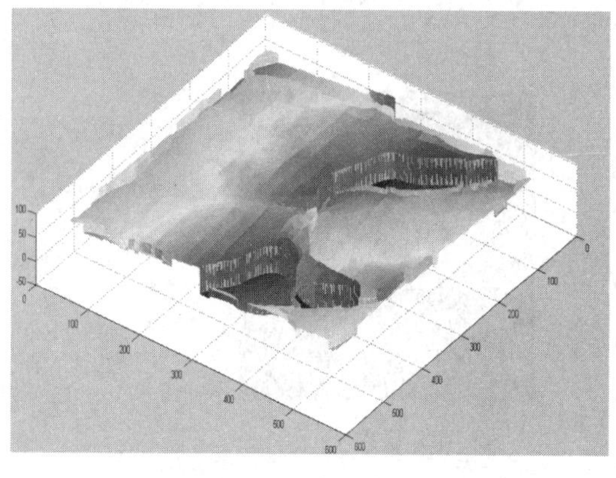

(c) 状态 3 三维复原图

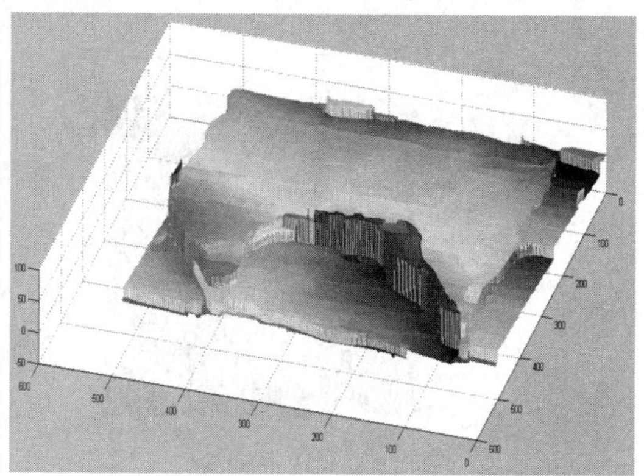

(d) 状态 4 三维复原图

图 7.10　模拟墙壁微变三维轮廓仿真图

表 7.3　模拟墙壁微变不同状态下 5×5 区域的高程数据表

43.4729	43.6880	44.2924	45.4420	45.9652
49.4837	44.2666	46.0334	46.1524	46.2201
47.2819	46.4124	46.2886	46.2568	46.2589
46.6213	46.4032	46.3106	46.2687	46.2555
46.5054	46.3769	46.3041	46.2635	46.2452

(a) 状态 1 下 5×5 区域高度数据

50.7541	50.7200	50.7004	50.6963	50.7077
50.7401	50.7033	50.6816	50.6763	50.6874
50.7309	50.6882	50.6610	50.6513	50.6593
50.7354	50.6814	50.6427	50.6227	50.5744
50.7725	50.6976	50.6358	50.5937	50.5744

(b) 状态 2 下 5×5 区域高度数据

51.1040	51.1023	51.1103	51.1313	51.1642
51.0968	51.0947	51.1061	51.1308	51.1675
51.0872	51.0873	51.1013	51.1291	51.1692
51.0817	51.0828	51.0984	51.1282	51.1707
51.0845	51.0852	51.1005	51.1307	51.1745

(c) 状态 3 下 5×5 区域高度数据

36.3888	36.3499	36.3125	36.2769	36.2434
36.5000	36.4598	36.4215	36.3855	36.3522
36.6045	36.5628	36.5235	36.4871	36.4539
36.6999	36.6567	36.6165	36.5795	36.5464
36.7852	36.7406	36.6993	36.6619	36.6289

(d) 状态 4 下 5×5 区域高度数据

7.4 小　　结

本章结合图像处理方法在研究三维测量技术中展开应用。利用主、被动融合的测量技术，研究了基于 BEMD 的微变监测技术。其采用彩色条纹投影与立体视觉融合的三维传感方法，以实时测量动态复杂物体为目标。该技术首先利用 BEMD 的自适应条纹分析技术解决三频彩色条纹的颜色解耦难题；其次，利用傅立叶变换实现变精度全场包裹相位展开，三频变精度得到高精度绝对相位；最后，标定系统，恢复物体高度信息。实验验证，本书所用技术具有采集数据精确、处理复杂度低、设备易于安装等优势。

附　　录

附录 A　视频图像采集

模拟图像经过采样、量化转化为数字图像，然后输入、存储到帧存储器的过程叫做图像采集。视频图像是静态图像的连续序列，它除了能提供高速的信息传递之外，还可以显示瞬间的相互关系，是一种对客观事物的更生动、形象的描述方式。

视频图像采集的方法很多，主要分为两大类：自动图像采集和基于处理器的图像采集。前者采用专用图像采集芯片，自动完成图像的采集、帧存储器地址的生成以及图像数据的刷新。除了要对采集模式进行设定外，主处理器不参与采集过程，因此，这种方法不占用 CPU 的时间，实时性好，适用于活动图像的采集，但电路比较复杂、成本较高。后者采用通用视频 A/D 转换器实现图像的采集，不能完成图像的自动采集，整个采集过程在 CPU 的控制下完成，由 CPU 启动 A/D 转换，读取 A/D 转换数据，将数据存入帧存储器。其特点是数据采集占用 CPU 时间，对处理器的速度要求高，但电路简单、成本低、易于实现，能够满足某些图像采集系统的需要。

在实际应用中，一个性价比高的图像采集系统的技术指标主要有图像分辨率、输入视频信号源、灰度分辨率、采集速度等。

(1) 图像分辨率：即在单位面积上所取离散像素的数目。通常分别用沿行、列两个方向单位长度上的像素来表示。一般常用的图像分辨率为 512×512；在广播领域常为 768×576；在医疗和工业检测的某些领域要求 1250×1024。

(2) 输入视频信号源：标准的 PAL，NTSC，SECAM 制式的黑白/彩色输入信号。绝大多数应用领域的视频来自标准的黑白/彩色摄像机。高性能的视频采集系统具有非标准的视频输入信号的能力，如线阵 CCD 摄像机的信号。

(3) 灰度分辨率：目前常用的分辨率为 8 bit；对于一些特殊领域则要求高一些，如 10 bit，12 bit。

(4) 采集速度：PAL 制 25 帧/s，NTSC 制 30 帧/s，连续或隔场采集。

主要程序分为两个部分：

(1) 通过摄像头实现视频的采集，并保存为 avi 格式。

```
>> vid = videoinput('winvideo')
   preview(vid)                 %打开视频预览窗口
>> filename = 'film';           %保存视频的名字
   nframe =300;                 %视频的帧数
   nrate = 30;                  %每秒的帧数
```

```
  preview(vid);
set(1, 'visible', 'off');
writerObj = VideoWriter( [filename '.avi']);
writerObj.FrameRate = nrate;
open(writerObj);
figure;
for ii = 1: nframe
frame = getsnapshot(vid);
imshow(frame);
f.cdata = frame;
f.colormap = colormap([]) ;
writeVideo(writerObj, f);
end
close(writerObj);
closepreview
```

运行结果如附图 1 所示。

附图 1　视频采集界面

(2) 读取 avi 视频，并将视频按帧保存为图像形式，实现图像采集。

```
>> [filename, pathname, fileindex]=uigetfile('*.avi', '选视频文件', 'video.avi', 'Multiselect', 'on');
  if ischar(filename)    %只有选择了文件才进行下列计算
   video=mmreader([pathname filename]);
   LEN=video.NumberOfFrames;        %获得视频长度
   dir=strcat(pathname, strrep(filename, '.avi', ''), '\pic');
   mkdir(dir);
   fn=strrep(filename, '.avi', '');
for k=1:LEN-1     %如果 read 到 len，常会报错如下：MATLAB:read:readTimedOut，然而
                   read 到 len-1 就不会报错。
```

```
frame=rgb2gray(read(video, k));
if k<10
   imwrite(frame, strcat(dir, '\', fn, '-avi-000', int2str(k), '.bmp'), 'bmp'); %把每帧图像存入硬盘
elseif k>=10 && k<100
   imwrite(frame, strcat(dir, '\', fn, '-avi-00', int2str(k), '.bmp'), 'bmp');
elseif k>=100 && k<1000
   imwrite(frame, strcat(dir, '\', fn, '-avi-0', int2str(k), '.bmp'), 'bmp');
elseif k>=1000 && k<10000
   imwrite(frame, strcat(dir, '\', fn, '-avi-', int2str(k), '.bmp'), 'bmp');
end
end
elseif iscell(filename)
   navi=length(filename);
for n=1:navi
   video=mmreader([pathname filename{n}]);
   LEN=video.NumberOfFrames;        %获得视频长度
   dir=strcat(pathname, strrep(filename{n}, '.avi', ''), '\pic');
   mkdir(dir);
   fn=strrep(filename{n}, '.avi', '');
for k=1:LEN-1
frame=rgb2gray(read(video, k));
if k<10
   imwrite(frame, strcat(dir, '\', fn, '-avi-000', int2str(k), '.bmp'), 'bmp');
elseif k>=10 && k<100
   imwrite(frame, strcat(dir, '\', fn, '-avi-00', int2str(k), '.bmp'), 'bmp');
elseif k>=100 && k<1000
   imwrite(frame, strcat(dir, '\', fn, '-avi-0', int2str(k), '.bmp'), 'bmp');
elseif k>=1000 && k<10000
   imwrite(frame, strcat(dir, '\', fn, '-avi-', int2str(k), '.bmp'), 'bmp');
end
   end
disp(strcat(num2str(n), '/', num2str(navi), ' : "', filename{n}, '" Finished!', datestr(now, 13)));
end
else
return
end
msgbox('所有帧提取完毕，已写入磁盘!', '提示');
clear all
```

运行结果如附图 2 所示。

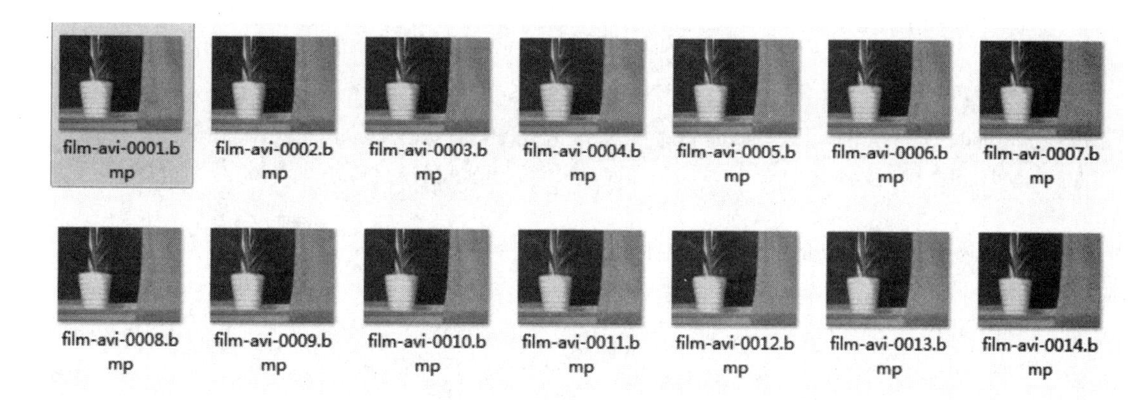

附图 2　按帧采集到的图片

附录 B　视频图像压缩 JPEG 与 JPEG2000

JPEG 程序：

```
% DCT 和量化函数
    function [Matrix]=Dct_Quantize(I, Qua_Factor, Qua_Table)
    %     UNTITLED Summary of this function goes here
    %     Detailed explanation goes here
    I=double(I)-128;    %层次移动 128 个灰度级
    I=blkproc(I, [8 8], 'dct2(x)');
    Qua_Matrix=Qua_Factor.*Qua_Table;                    %量化矩阵
    I=blkproc(I, [8 8], 'round(x./P1)', Qua_Matrix);     %量化，四舍五入
    Matrix=I;        %得到量化后的矩阵
    end
    % 反量化和反 DCT 函数：
    function [ Matrix ]= Inverse_Quantize_Dct( I, Qua_Factor, Qua_Table )
    % UNTITLED3 Summary of this function goes here
    % Detailed explanation goes here

    Qua_Matrix=Qua_Factor.*Qua_Table;        %反量化矩阵
    I=blkproc(I, [8 8], 'x.*P1', Qua_Matrix);        %反量化，四舍五入

    [row, column]=size(I);
    I=blkproc(I, [8 8], 'idct2(x)');     %反变换

    I=uint8(I+128);
    for i=1:row
       for j=1:column
          if I(i, j)>255
             I(i, j)=255;
```

```
        elseif I(i, j)<0
          I(i, j)=0;
        end
      end
    end

    Matrix=I;         %反量化和反 Dct 后的矩阵
    End
    close all;
    clear all;

    img=imread('lena.bmp');
    subplot(121);imshow(img);title('原图');          %显示原图

    img_ycbcr = rgb2ycbcr(img);          % rgb->yuv
    [row, col, ~]=size(img_ycbcr);       % 取出行列数，~表示 3 个通道算 1 列

    %对图像进行扩展
    row_expand=ceil(row/16)*16;      %行数上取整再乘 16，及扩展成 16 的倍数
    if mod(row, 16)~=0      %行数不是 16 的倍数，用最后一行进行扩展
       for i=row:row_expand
          img_ycbcr(i, :, :)=img_ycbcr(row, :, :);
       end
    end
    col_expand=ceil(col/16)*16;          %列数上取整
    if mod(col, 16)~=0          %列数不是 16 的倍数，用最后一列进行扩展
       for j=col:col_expand
          img_ycbcr(:, j, :)=img_ycbcr(:, col, :);
       end
    end

    %对 Y，Cb，Cr 分量进行 4:2:0 采样
    Y=img_ycbcr(:, :, 1);               %Y 分量
    Cb=zeros(row_expand/2, col_expand/2);           %Cb? 分量
    Cr=zeros(row_expand/2, col_expand/2);           %Cr 分量
    for i=1:row_expand/2
       for j=1:2:col_expand/2-1          %奇数列
          Cb(i, j)=double(img_ycbcr(i*2-1, j*2-1, 2));
          Cr(i, j)=double(img_ycbcr(i*2-1, j*2+1, 3));
       end
    end
    for i=1:row_expand/2
       for j=2:2:col_expand/2      %偶数列
```

```
        Cb(i, j)=double(img_ycbcr(i*2-1, j*2-2, 2));
        Cr(i, j)=double(img_ycbcr(i*2-1, j*2, 3));
    end
end
%分别对三种颜色分量进行编码
Y_Table=[16  11  10  16  24  40  51  61
         12  12  14  19  26  58  60  55
         14  13  16  24  40  57  69  56
         14  17  22  29  51  87  80  62
         18  22  37  56  68  109 103 77
         24  35  55  64  81  104 113 92
         49  64  78  87  103 121 120 101
         72  92  95  98  112 100 103 99];          %亮度量化表
CbCr_Table=[17, 18, 24, 47, 99, 99, 99, 99;
            18, 21, 26, 66, 99, 99, 99, 99;
            24, 26, 56, 99, 99, 99, 99, 99;
            47, 66, 99 , 99, 99, 99, 99, 99;
            99, 99, 99, 99, 99, 99, 99, 99;
            99, 99, 99, 99, 99, 99, 99, 99;
            99, 99, 99, 99, 99, 99, 99, 99;
            99, 99, 99, 99, 99, 99, 99, 99];          %色差量化表
Qua_Factor=0.5; %量化因子，最小为0.01，最大为255，建议在0.5和3之间，越
小质量越好文件越大
%对三个通道分别DCT和量化
Y_dct_q=Dct_Quantize(Y, Qua_Factor, Y_Table);
Cb_dct_q=Dct_Quantize(Cb, Qua_Factor, CbCr_Table);
Cr_dct_q=Dct_Quantize(Cr, Qua_Factor, CbCr_Table);
%对三个通道分别反量化和反DCT
Y_in_q_dct=Inverse_Quantize_Dct(Y_dct_q, Qua_Factor, Y_Table);
Cb_in_q_dct=Inverse_Quantize_Dct(Cb_dct_q, Qua_Factor, CbCr_Table);
Cr_in_q_dct=Inverse_Quantize_Dct(Cr_dct_q, Qua_Factor, CbCr_Table);
%恢复出YCBCR图像
YCbCr_in(:, :, 1)=Y_in_q_dct;
for i=1:row_expand/2
   for j=1:col_expand/2
      YCbCr_in(2*i-1, 2*j-1, 2)=Cb_in_q_dct(i, j);
      YCbCr_in(2*i-1, 2*j, 2)=Cb_in_q_dct(i, j);
      YCbCr_in(2*i, 2*j-1, 2)=Cb_in_q_dct(i, j);
      YCbCr_in(2*i, 2*j, 2)=Cb_in_q_dct(i, j);

      YCbCr_in(2*i-1, 2*j-1, 3)=Cr_in_q_dct(i, j);
      YCbCr_in(2*i-1, 2*j, 3)=Cr_in_q_dct(i, j);
```

```
        YCbCr_in(2*i, 2*j-1, 3)=Cr_in_q_dct(i, j);
        YCbCr_in(2*i, 2*j, 3)=Cr_in_q_dct(i, j);
    end
end
I_in=ycbcr2rgb(YCbCr_in);
I_in(row+1:row_expand, :, :)=[];%去掉扩展的行
I_in(:, col+1:col_expand, :)=[];%去掉扩展的列
subplot(122);imshow(I_in);title('JPEG压缩后的图像');
```

仿真结果如附图3和附图4所示。

附图3 原始图像

附图4 JPEG压缩后的图像

JPEG2000程序：

```
close all;
clear all;
o=imread('lena.bmp');
w=size(o, 2);
samplesHalf=floor(w/2);
samplesQuarter=floor(w/4);
samplesEighth=floor(w/8);
ci2=[];
ci4=[];
ci8=[];
for k=1:3
    for i=1:size(o, 1)
        rowDWT=dct(double(o(i, :, k)));
        ci2(i, :, k)=idct(rowDWT(1:samplesHalf), w);
        ci4(i, :, k)=idct(rowDWT(1:samplesQuarter), w);
        ci8(i, :, k)=idct(rowDWT(1:samplesEighth), w);

    end
end
h=size(o, 1);
samplesHalf=floor(h/2);
samplesQuarter=floor(h/4);
```

```
samplesEighth=floor(h/8);
ci2f=[];
ci4f=[];
ci8f=[];
for k=1:3
   for i=1:size(o, 2)
      columnDWT2=dct(double(ci2(:, i, k)));
      columnDWT4=dct(double(ci4(:, i, k)));
      columnDWT8=dct(double(ci8(:, i, k)));
      ci2f(:, i, k)=idct(columnDWT2(1:samplesHalf), h);
      ci4f(:, i, k)=idct(columnDWT2(1:samplesQuarter), h);
      ci8f(:, i, k)=idct(columnDWT2(1:samplesEighth), h);
   end
end

subplot(131);imshow(o);title('原图');          %显示原图
subplot(132);imshow(uint8(ci2));title('b');
subplot(133);imshow(uint8(ci8));title('c');

% 计算信噪比
K0=imfinfo('原图.bmp');
A_bytes=K0.FileSize;
K1=imfinfo('b.bmp');
B_bytes=K1.FileSize;
K2=imfinfo('C.bmp');
C_bytes=K2.FileSize;
CR1=A_bytes/B_bytes
CR2=A_bytes/C_bytes
```

实验结果：

压缩比：

CR1=1.0868

CR2=1.2092

仿真结果图如附图 5 所示。

原图.bmp

b.bmp

C.bmp

附图 5　压缩前后比较图

附录C　移动目标检测中的帧间差分法

帧间差分法是利用图像序列中相邻帧图像之间作差来提取出图像中的运动区域。当监控场景中出现异常物体运动时，帧与帧之间会出现较为明显的差别，两帧相减，得到两帧图像亮度差的绝对值，判断它是否大于阈值来分析视频或图像序列的运动特性，确定图像序列中有无物体运动。图像序列逐帧的差分，相当于对图像序列进行了时域上的高通滤波。

程序代码如下：

```
%使用 aviread 读取视频，注意视频的格式，aviread 读取的视频有格式限制
    avi=aviread('***.avi');              %读入某视频格式为 avi
    N=6;                                 %考虑 6 帧的帧间差分法(需要读取 7 帧)
    start=20;                            %start=20，从第 20+1 帧开始连续读 7 帧
    threshold=50;                        %设定阈值为 50

    for k=1+start:N+1+start                  %处理从第 21 到第 27 帧
    avi(k).cdata=rgb2gray(avi(k).cdata);     %将彩色图像转换为灰度图像
    end
          %以 avi(1+start).cdata 的格式生成一个矩阵
    [hang, lie]=size(avi(1+start).cdata);
          %生成一个三维的矩阵 alldiff 用于存储最终的各个帧的差分结果
    alldiff=zeros(hang, lie, N);

    for k=1+start:N+start
       diff=abs(avi(k).cdata-avi(k+1).cdata);      %邻帧差分
       idiff=diff>threshold;        %idiff 中的数据位逻辑值，diff 中的数值为 unit8
      alldiff(:, :, k)=double(idiff);      %存储各帧的差分结果
    end
      %观察帧间差分的二值化结果
    for k=1+start:N+start
    subplot(3, 2, k-start), imshow(alldiff(:, :, k)),
      %title('相邻两帧差分')
    title(strcat(num2str(k), '帧', '-', num2str(k+1), '帧'));
    end
```

附录D　二维运动估计中的三步搜索法

该算法原理为在进行块的匹配中，块的位移可以理解为中心点的位移。三步搜索法区间一般设为[-7, 7]，即在上一帧以当前子块为原点，将当前子块在其上下左右距离为 7 的范围内按一定规则移动，每移动一个位置，取出同样大小的子块与当前子块进行匹配计算。

算法的中心思想是，采用一种由粗到细的搜索模式，从原点开始，按一定步长取周围8个点构成每次搜索的点群，然后进行匹配计算，利用上一步搜索得到的最小块误差MBD点作为当前搜索的中心位置，每搜索一步，搜索的步长减1。

三步搜索算法搜索窗选取(−7，+7)，最多只需要进行25个位置的匹配计算，相对于全搜索来比，大大减少了匹配运算的复杂度，而且数据读取比较规则。

三步搜索算法的步骤标记如附图6所示。

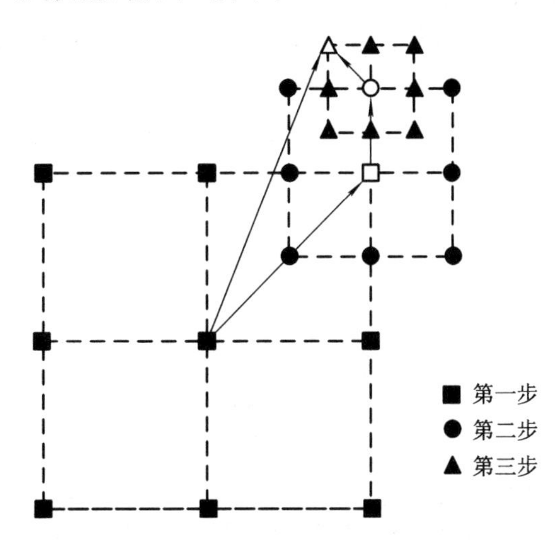

附图6　三步搜索算法的步骤标志

程序代码如下：

```
%输出:瞄定帧，目标帧，恢复的目标帧，峰值信噪比
m1=aviread('***.avi', 20);          %读入某视频第20帧
m2=aviread('***.avi', 21);          %读入某视频第21帧
f1=m1.cdata;                        %读入第20帧的灰度值
f2=m2.cdata;                        %读入第21帧的灰度值
[row, line]=size(f1);
size=4;                             %分块的大小
for i=1:row/size
  for j=1:line/size
    row_s=(i-1)*size+1;             %每块行的起点
    row_e=i*size;                   %每块行的终点
    line_s=(j-1)*size+1;            %每块列的起点
    line_e=j*size;                  %每块列的终点
    sk=f1(row_s:row_e, line_s:line_e);   %在原图像中分割出块
    %三步搜索法，计算步长，如果size为4时，fix内值为2
   for cnt=1:fix(log(size/2)/log(2)+1)
      ss=size/2^(cnt);
      srow_s=[row_s-ss/2 row_s row_s+ss/2 ];       %行的3个顶点
      srow_e=[row_e-ss/2 row_e row_e+ss/2 ];       %行的3个结束点
      sline_s=[line_s-ss/2 line_s line_s+ss/2];    %列的3个顶点
      sline_e=[line_e-ss/2 line_e line_e+ss/2];    %列的3个结束点
```

```
    for xt=1:3                                              %9 次循环
      for yt=1:3
    %搜索开始
    %第一次搜索是 9 次，其他搜索是 8 次，这个点位搜索 9 个顶点中的中心点
     if (xt==2) &(yt==2)
       if (cnt==1)              %第一次搜索就对中心点搜索
    %判断是否超出图像边界
  if srow_s(xt)>=1 & srow_e(xt)<=row & sline_s(yt)>=1 & sline_e(yt)<=line
&srow_e(xt)>=1 & srow_s(xt)<=row & sline_e(yt)>=1 & sline_s(yt)<=line
  sblock{(xt-1)*3+yt}=f2(srow_s(xt):srow_e(xt), sline_s(yt):sline_e(yt));
              serr((xt-1)*3+yt)=sum(sum(abs(sk-sblock{(xt-1)*3+yt})));
    else
      serr((xt-1)*3+yt)=inf;
        end
      end
    else
     if srow_s(xt)>=1 & srow_e(xt)<=row & sline_s(yt)>=1 & sline_e(yt)<=line
  sblock{(xt-1)*3+yt}=f2(ceil(srow_s(xt)):ceil(srow_e(xt)), ceil(sline_s(yt)):ceil
(sline_e(yt)));
  serr((xt-1)*3+yt)=sum(sum(abs(sk-sblock{(xt-1)*3+yt})));
    else
      serr((xt-1)*3+yt)=inf;
      end
    end
              %搜索结束
        end
      end
    if (cnt==1)                             %第一次从 9 个中找出最大值
      [minv, index]=min(serr);
      else                                  %否则从 9 个中找出最大值
        serr(5:8)=serr(6:9);
        [minv, index]=min(serr);            %找到均方误差最小的搜索次数
        if (index>=5)
        index=index+1;
        end
      end
        index_x=ceil(index/3);              %按照找到的索引恢复到对应的行和列
        index_y=mod(index, 3);
        if (index_y==0)
           index_y=3;
        end
  row_s=srow_s(index_x);row_e=srow_e(index_x);line_s=sline_s(index_y);
  line_e=sline_e(index_y);
```

```
        end
          u(i, j)=row_s-(i-1)*size-1;      %求出运动矢量
          v(i, j)=line_s-(j-1)*size-1;
        end
end
  %恢复第二帧
reB=f1;
m=1;
for i=1:size:row
   n=1;
      for j=1:size:line
         if (i+u(m, n))>=1 & (i+u(m, n)+size-1)<=row & (j+v(m, n))>=1 & (j+v
(m, n)+size-1)<=line
   reB(ceil(i+u(m, n)):ceil(i+u(m, n)+size-1), ceil(j+v(m, n)):ceil(j+v(m, n)+size-1))
=f1(i:i+size-1, j:j+size-1); %按照运动场的偏移进行恢复
      end
      n=n+1;
   end
   m=m+1;
end
  %求峰值信噪比
cha=reB-f2;
cha=cha(:);
psnr=10*log10(255^2/var('cha', 1));            %psnr为峰值信噪比
subplot(2, 2, 1);imshow(f1);title('瞄定帧');
subplot(2, 2, 2);imshow(f2);title('目标帧');
s=['估计的目标帧; 峰值信噪比为:', num2str(psnr), 'dB'];
subplot(2, 2, 4);imshow(reB);title(s);
```

参考文献

[1] 王利娟. 基于相似度测量和模糊熵的矿井图像增强方法[J]. 计算机工程与设计. 2012，33(7)：2696－2700.

[2] Cheng H D，Mei X，Shi X J. Contrast enhancement based on a novel homogeneity measurement [J]. Pattern Recognition，2003，36(11)：2687－2697.

[3] 陈文山，汪天富，林江莉. 基于相似度测量的医学超声图像对比度增强[J]. 中国医学影像技术，2006，22(9)：1432－1434.

[4] Wang Baoping，Liu Shenghu，Fan Jiulun. An adaptive multi-level image fuzzy enhancement algorithm based on fuzzy entropy[J]. ACTA Electronica Sinica，2005，33(4)：730－734.

[5] Ma Zhifeng，Shi Caicheng. Adaptive image contrast fuzzy enhancement[J]. Laser& Infrared，2006，36(3)：231－233.

[6] Wu Wei，Liu Yufeng. Application of an improved fuzzy edge-detection algorithm in the image processing[J]. Transactions of Shenyang Ligong University，2007，26(5)：55－56.

[7] Yang Yong，Huang Shuying. Modified pal and king algorithm for fuzzy edge detection [J]. Chinese Journal of Scientific Instrument，2008，28 (9)：1920－1921.

[8] 王晖，张基宏. 图像边界检测的区域对比度模糊增强算法 [J]. 电子学报，2000，01(4)：212－213.

[9] 舒金龙，于振红，朱振福. 一种改进的红外图像模糊增强算法 [J]. 系统工程与电子技术，2005，06(7)：317－319.

[10] 陈湘涛，陈玉娟，李明亮. 基于模糊熵和分形维度的边缘检测算法 [J]. 计算机工程，2010，36(23)：202－203.

[11] 贾永红. 数字图像处理[M]. 2 版. 武汉：武汉大学出版社，2010：66－99.

[12] Fabrizio Russo. Recent advances in fuzzy techniques for image enhancement [J]. IEEE TRANSCTIONS ON INSTRUMENTATION AND MEASUEMENT，1998，47(6)：1428－1433.

[13] Sasi Gopalan，Madhu S Nair，Sourriar Sebastian. Approximation studies on image enhancement using fuzzy technique [J]. International Journal of Advanced Seience and Teehnology，2009，10：11－25.

[14] David G. Lowe. Distinctive image features from scale-invariant key points [J]. International Journal of Computer Vision，2004，60(2)：91－110.

[15] Zhang Hong，Lu Yi. Image edge detection algorithm based on local fuzzy fractal dimesion [J]. Microelectronics& Computer，2005，22 (7)：171－174.

[16] Du Jipeng，Gao Yanming，Qu Peng. Multi-feature edge extraction for gray-scale images with local fuzzy fractal dimension [C]. Seventh International Conference on Fuzy Systems and Knowledge Discovery，2010：583－587.

[17] Zhuang X, Mastorakis N E. The local fuzzy fractal dimension as a feature of local complexity for digital images and signals [J]. WSEAS Transactions on Computers, 2005, 4 (11): 1459 - 1469.

[18] Fang Shaomei, Jin Lingyu, Guo Changhong, Chen Ronggui. Region homogeneity measure and forth-order model for image enhancement [J]. IEEE Computer Society, 2010: 754- 757.

[19] Yang Yuqian, Zhang Jiangshe, Huang Xingfang. Adaptive Image Enhancement Algorithm Combining Kernel Regression and Local Homogeneity [R]. Mathematical Problems in Engineering, 2010.

[20] Osinkina, Lohmüller L, J? ckel T (1), Feldmann F J. Synthesis of gold nanostar arrays as reliable, large-scale, homogeneous substrates for surface-enhanced Raman scattering imaging and spectroscopy [C]. American Chemical Society, 2013, 43(117): 22198 - 22202.

[21] 李沛轩，叶俊勇. 基于小波变换和模糊理论的裂纹图像增强算法[J]. 计算机系统应用，2013，22(9)：191 - 194.

[22] 杨先凤，张静，彭博. 基于相似性度量的加权医学超声图像对比度增强方法[J]. 计算机工程与设计，2011，32(3)：995 - 1001.

[23] 王郑耀. 数字图像的边缘检测[D]. 西安:西安交通大学，2003.

[24] 雷丽珍. 数字图像边缘检测方法的探讨[N]. 测绘通报，2006，3：40 - 42.

[25] 赵芳，栾晓明，孙越. 数字图像几种边缘检测算子检测比较分析[J]. 自动化技术与应用，2009,28(3)：68 - 72.

[26] 郑南宁. 计算机视觉与模式识别[M]. 北京:国防工业出版社，1998.

[27] 李小红. 基于 LOG 滤波器的图像边缘检测算法的研究[J]. 计算机应用与软件，2005,22(5)：107 - 108.

[28] Canny J. A computational approach to edge detection[J]. IEEE Transactions on Pattern Analysis and Machine Intelligence, 1986, 8(6): 679 - 697.

[29] 杨平先，孙兴波. 一种改进多尺度形态边缘检测算法[J]. 光电工程，2005，32(11)：72 - 75.

[30] 白建明，王之琼. 分形理论在 x 光片图像边缘增强中的应用[J]. 黑龙江医药科学，2006，29(1)：78 - 79.

[31] 崔旭东，邱春蓉，刘瑞根. 用标记松弛方法检测闪光图像边缘[J]. 光电工程，2001，28(4)：42 - 45.

[32] 肖锋. 基于 BP 神经网络的数字图像边缘检测算法的研究[J]. 西安科技大学学报，2005，25(3)：372 - 375.

[33] Tomasi C, Kanade T. Shape and motion from image streams under orthography: a factorization method[J]. International Journal of Computer Vision. 1992, 9(2): 137 - 154.

[34] Medinoi G, Yasumoto Y. Corner detection and curve representation using cubic B-Splines[J]. Compute Vision, Graphics, Image Process. 1987, 39(3): 267 - 278.

[35] Teng H, Huw C. A rotationally invariant two-phase scheme for corner detection [J]. Pattern Recognition, 1996(26): 819 - 829.

[36] Smith S M, Brady J M. SUSAN-a new approach to low level image Processing[J]. International Journal of Computer Vision, 1997, 23(1): 45 - 75.

[37] Harris C, Stephens M. A Combined Corner and Edge Detector [M]. Proceedings of the 4th Alvey Vision Conference, 1988: 189 - 192.

[38] Cooper J, Svetha, Kitchen L. Early Jump-out Corner detectors[J]. IEEE Transactions on PAMI, 1993, (15): 823 - 828.

[39] Dreshler, Nagel. On the selection of critical Points and local curvature extrema of region boundaries for interframe matching[J]. International Conference on Pattern Recognition, 1982, 10: 542 - 544.

[40] David G, Lowe. Distinctive image features from scale-invariant key points[J]. International Journal of Computer Vision, 2004, 60(2): 91 - 110.

[41] 孙卜郊,周东华. 基于 NCC 的快速匹配算法[J]. 传感器与微系统, 2007, 26(9): 3 - 5.

[42] Beardsley P, Tort P, Zisserma A. 3D model acquisition from extended image sequences [M]. In Proceedings of the 4th European Conference on Computer Vision, LNCS1065, Cambridge, 1996: 683 - 695.

[43] 单欣, 王耀明, 董建萍. 基于 RANSAC 算法的基本矩阵估计的匹配方法[J]. 上海电机学院学报, 2006, 9(4): 66 - 69.

[44] Pritehett, Zisserman. A Matching and Reconstruction from Widely Separated Views[J]. Computer Science 1506Springer-Verlag, 1998, 4(2): 219 - 224.

[45] Maxime Lhuillier, Long Quan. Robust Dense Matching Using Local and Global Geometric Constraints[J]. Proceedings of the 16th International Conference On pattern Recognition, 2000, 11(1): 968 - 972.

[46] Robert L G. Machine perception of three-dimensional solids[J]. Optical and Electro Optical Information Processing, Tippett J, et al. eds. 1965: 159 - 197.

[47] 赵文哲, 秦世引. 视频运动目标检测方法的对比分析[J]. 科技导报, 2009, 27(10): 64 - 70.

[48] Horn B K P, Schunck B G. Determinint optical flow[J]. Artifical Intelligence, 1981, 17(123): 185 - 203.

[49] 李文斌, 周晓敏, 王长松. 一种基于背景减法的运动目标检测算法[J]. 北京科技大学学报, 2008, 28(2): 212 - 216.

[50] 李亚玲. 视频监控中运动目标检测与跟踪算法的研究[D]. 南京: 南京邮电大学, 2011.

[51] Elgammal A, Harwood D, Davis L. Non-parametric model for background subtraction[C]. In Proc. the 6th European Conference on Computer Vision, Dublin, Ireland, 2000: 751 - 767.

[52] Lim H Y, Kang D S. A Study of Efficient Background Extraction for Moving

Objects Detection in an Outdoor Environment[C]. In Proc. the 2009 International Conference on Image Processing and Computer Vision, Las Vegas Nevada, USA, 2009: 627 - 631.

[53] Stauffer C, Grimson W. Adaptive background mixture models for real-time tracking[C]. Proceedings of IEEE Conference on Computer Vision and Pattern Recognition, 1999: 246 - 252.

[54] Heikkila M, Pietikainen M. A texture-based Method for Detecting Moving Objects [J]. IEEE Transactions on Pattern Analysis and Machine Intelligence, 2006, 28 (4): 657 - 662.

[55] 刘泉志，胡福乔. 混合高斯模型和 LBP 纹理模型相融合的背景建模[J]. 微型电脑应用，2010，26(9)：42 - 45.

[56] 薛茹，宋焕生. 基于像素的背景建模方法综述[J]. 电视技术，2012，36 (13)：39 - 43.

[57] Beynon M D, Van Hook D J, Seibert M, et al. Detecting abandoned packages in a multi-camera video surveillance system [C]. Proceedings of IEEE Conference on Advanced Video and Signal Based Surveillance, 2003: 221 - 228.

[58] Cho C Y, Tung W H, Wang J S. A crowd-filter for detection of abandoned objects in crowded area [C]. 3rd International Conference on Sensing Technology, 2008: 581 - 584.

[59] Porikli F. Detection of temporarily static regions by processing video at different frame rates [C]. IEEE conference on advanced video and signal based surveillance, 2007: 236 - 241.

[60] Miezianko R, Pokrajac D. Detecting and recognizing abandoned objects in crowded environments [M]. Computer Vision Systems. Springer Berlin Heidelberg, 2008: 241 - 250.

[61] LinC Y, Wang W H. An abandoned objects management system based on the gaussian mixture model [C]. International Conference on Convergence and Hybrid Information Technology, 2008: 169 - 175.

[62] Singh A, Sawan S, Hanmandlu M, et al. An abandoned object detection system based on dual background segmentation [C]. IEEE conference on advanced video and signal based surveillance, 2007: 236 - 241.

[63] Tian Y L, Lu M, Hampapur A. Robust and efficient foreground analysis for real-timevideo surveillance [C]. IEEE Computer Society Conference on Computer Vision and Pattern Recognition, 2005: 1182 - 1187.

[64] 杨涛，李静，潘泉等. 一种基于多层背景模型的前景检测算法 [J]. 中国图像图形学报，2008，13(7)：1303 - 1308.

[65] 王书朋. 视频目标跟踪算法研究[D]. 西安：西安电子科技大学博士学位论文，2009.

[66] 侯志强，韩崇昭. 视觉跟踪技术综述[J]. 自动化学报，2006，32(4)：603 - 617.

[67] Gordon N J, Salmond D J, Smith A F. M. Novel approach to nonlinear/non-Gaussian Bayesian state estimation[J]. IEEE Proceedings on Radar and Signal Proce- ssing, 1993, 140(2): 107－113.

[68] Fukunaga K, Hostetler L. The Estimation of the Gradient of a Density Function, with Applications in Pattern Recognition[J]. IEEE Trans. On Inform, Theory, 1975, 21(1): 32－48.

[69] Comaniciu D, Meer P. Mean Shift: a Robust Approach toward Feature Space Analysis[C]. IEEE Transactions on Pattern Analysis and Machine Intelligence, 2002, 24(5): 603－619.

[70] 陈爱华，孟勃，朱明，等. 多模式融合的目标跟踪算法[J]. 光学精密工程，2009，17(1)：185－190.

[71] 尹宏鹏，柴毅，匡金骏，等. 一种基于多特征自适应融合的运动目标跟踪算法[J]. 光电子激光，2010，21(6)：917－923.

[72] 张娜. 图像增强技术的研究[J]. 计算机仿真，2007，24(1)：02－04.

[73] Hummel R A. Image enhancement by histogram transformation[J]. Computer Vison, Graphics and Image Processing, 1977, 6(2): 184－195.

[74] Chen S D. Preserving brightness in histogram equalization based contrast enhancement techniques[J]. Digital Signal Processing, 2004, 14 (9): 413－428.

[75] Liu Q T, Wang T F, Lin J L, et al. Contrast enhancement method of medical ultrasonic images based on preserving brightness[J]. Chin J Med Imaging Technol, 2006, 22(3): 461－463.

[76] Gil M, Sarabia E G, Llata J R, et al. Fuzzy c-means clustering for noise reduction, enhancement and reconstruction of 3D ultrasonic images[J]. Emerging Technologies and Factory Automation, 1999, 1: 465－472.

[77] Rakotomamonjy A, Marche P. Wavelet-based enhancement of lesion detectability in ultrasound B-scan images[J]. Engineering in Medicine and Biology Society, 1998, 2: 808－811.

[78] 徐淑平，李春明. 分形图的生成算法研究[J]. 微机发展，2005，15(9)：4－6.

[79] 王保平，刘升虎，范九伦. 基于模糊熵的自适应图像多层次模糊增强算法[J]. 电子学报，2005，33(4)：730－734.

[80] 王保平，刘升虎，张家田，等. 一种基于模糊熵和FKCN的边缘检测方法 [J]. 计算机学报，2006，29(4)：664－669.

[81] 程正兴. 小波分析在图像处理中的应用[J]. 工程数学学报，2001，(12)：57－86.

[82] 林卉，赵长胜，舒宁. 基于Canny算子的边缘检测及评价[J]. 黑龙江工程学院学报，2003，17(2)：4－6.

[83] Moravec H P. Towards automatic visual obstacle avoidance[J], International Joint Conference on Artificial Intelligence, 1977, 5: 584－586.

[84] 魏志强，黄磊，纪筱鹏. 基于点特征的序列图像匹配方法研究[J]. 中国图像图形学报，2009，14(3)：6－9.

[85] 徐成，田睁，李仁发．一种基于改进码本模型的快速运动检测算法[J]．计算机研究与发展，2010，47(12)：2149－2156.

[86] 李波，袁保宗．基于码书和纹理特征的运动目标检测[J]．信号处理，2011，27(6)：912－917.

[87] Lucas B D，Kanade T. An iterative image registration technique with an application to stereo vision [C]. Proceedings of the 7th international joint conference on Artificial intelligence. 1981：121－130.

[88] Elgammal A，Duraiswami R，Harwood D，et al. Background and foreground modeling using nonparametric kernel density estimation for visual surveillance[J]. Proceedings of the IEEE，2002，90(7)：1151－1163.

[89] Stauffer C，Grimson W E L. Adaptive background mixture models for real-time tracking[C]. IEEE Computer Society Conference on Computer Vision and Pattern Recognition，1999：246－252.

[90] KaewTraKulPong P，Bowden R. An improved adaptive background mixture model for real-time tracking with shadow detection [M]. Video-Based Surveillance Systems. Springer US，2002：135－144.

[91] Kim K，Chalidabhongse T H，Harwood D，et al. Real-time foreground －background segmentation using codebook model [J]. Real-time imaging，2005，11(3)：172－185.

[92] 甘新胜．基于码书的运动目标检测方法[J]．中国图像图形学报，2008. 13(2)：365－371.

[93] 陈华，关宇东，杨琳，等．基于阴影位置及边缘信息的阴影去除算法[J]．电视技术，2007，31(12)：78－80.

[94] GonzálezR C，Woods R E. 数字图像处理(中文版)(2 版)[M]．北京：电子工业出版社，2004：225.

[95] Cucchiara R，Grana C，Piccardi M，et al. Improving shadow suppression in moving object detection with HSV color information [C]. Proceedings of IEEE Intelligent Transportation Systems，2001：334－339.

[96] 方贤勇，贺彪，罗斌．一种基于 HSV 颜色空间的新码书模型[J]．计算机应用，2011，31(9)：2497－2501.

[97] Rao B，Zheng G，Chen T M，et al. An efficient hierarchical method for image shadow detection[C]. 2nd International Workshop on Knowledge Discovery and Data Mining. Piscataway，NJ，USA：IEEE，2011：622－627.

[98] Kalman R. E. A New Approach to Linear Filtering and Prediction Problems[J]. Transaction of the ASME-Journal of Basic Engineering，1960：35－45.

[99] Yang C，Duraiswami R，Davis L. Efficient mean-shift tracking via a new similarity measure[C]. Proceedings of IEEE Conference on Computer Vision and Pattern Recognition，San Dieguo，2005：176－183.

[100] Comaniciu D，Ramesh V，Meer P. Kernel-based tracking [J]. IEEE Transactions

on Pattern Analysis and Machine Intelligence, 2003, 25(5): 564 - 577.

[101] 彭宁嵩，杨杰，刘志. Mean-Shift 跟踪算法中核函数窗宽的自动选取[J]. 软件学报，2005，16(9)：1542 - 1550.

[102] Collins R T, Liu Y, Leordeanu M. Online Selection of Discriminative Tracking Features[J]. IEEE Transactions on Pattern Analysis and Machine Intelligence, 2005, 27(10): 1631 - 1643.

[103] NingJ, Zhang L, Zhang D, Wu C. Robust mean shift tracking with corrected background- weighted histogram[J]. IET Computer Vision, 2012, 6(1): 62 - 69.

[104] 王永忠，潘泉. 基于多特征自适应融合的核跟踪方法[J]. 自动化学报，2008，34(4)：393 - 399.

[105] 袁广林，薛模根. 基于自适应多特征融合的 mean shift 目标跟踪[J]. 计算机研究与发展，2010，47(9)：1663 - 1671.

[106] 郑玉凤，马秀荣. 基于颜色和边缘特征的均值迁移目标跟踪算法[J]. 光电子 激光，2011，22(8)：1232 - 1235.

[107] 刘晴，唐林波，赵保军. 基于自适应多特征融合的均值迁移红外目标跟踪[J]. 电子与信息学报，2012，34(5)：1138 - 1141.

[108] D. Makris, T. J. Ellis, J. Black . Bridging The Gaps Between Cameras[C]. IEEE Conference on Computer Vision and Pattern Recognition. 2004, II: 205 - 210.

[109] I. Junejo, O. Javed, M. Shah. Multi Feature Path Modeling for Video Surveillance[C]. ICPR 2004:716 - 719.

[110] Sohaib Khan, Mubarak Shah, Consistent Labeling of Tracked Objects in Multiple Cameras with Overlapping Fields of View[C]. IEEE Transactions on Pattern Analysis and Machine Intelligence 2006:355 - 1360.

[111] Muhammad Owais Method. Multi-camera based Human Tracking with Non Overlapping Fields of View[C]. Fifth International Conference on Image and Graphics 2009: 1 - 6.

[112] 陈伟宏，肖卫初. 监控系统中的多摄像头协同算法[J]. 计算机工程与应用，2006，33：229 - 231.

[113] 陈伟宏，肖德贵. 一种非重叠多摄像头的实时监控系统[J]. 计算机工程与应用，2006，18：218 - 220.

[114] 李志华，田翔，谢立等. 视频监控系统中的多摄像头跟踪优化设计[J]. 哈尔滨工业大学学报，2008，9：1485 - 1490.

[115] 刘峰，张超，吴小培，等. 尺度自适应 CBWH 跟踪算法研究[J]. 信号处理，2014，30(5)：517 - 525.

[116] 黄安奇，侯志强，余旺盛，等. 利用背景加权和选择性子模型更新的视觉跟踪算法[J]. 中国图像图形学报，19(9)：1360 - 1367.

[117] Huang N E, Shen Z, Long S R. The empirical mode decomposition and the Hilbert spectrum for nonlinear and non-stationary time series analysis[J]. Proc.

R. SocLond. A,1998,454:903 - 995.

[118] 杨志华,齐东旭,杨力华,等. 一种基于 HHT 的信号周期性分析方法及应用[J]. 中山大学学报(自然科学版),2005(3):14 - 18.

[119] HebertM, Krotkov E. 3 - D measurements from imaging laser radars: How good are they? [J]. Proc 91 IEEE RSJ Int Workshop Intell Robots Syst IROS 91, 1992:359 - 364.

[120] Lange R, Seitz P . Solid-state time-of-flight range camera[J]. IEEE Journal of Quantum Electronics, 2001. 37(3): 390 - 397.

[121] Jacquot M, Sandoz P, Tribillon G . High resolution digital holography[J]. Optics Communications, 2001. 190(1 - 6): 87 - 94.

[122] KreisT. Digital holographic interference-phase measurement using the Fourier-transform method[J]. Journal of the Optical Society of America a-Optics Image Science and Vision, 1986. 3(6): 847 - 855.

[123] Schnars U, Kreis T M, Juptner W P O. Digital recording and numerical reconstruction of holograms: Reduction of the spatial frequency spectrum[J]. Optical Engineering, 1996. 35(4): 977 - 982.

[124] Yamaguchi I, Matsumura T, Kato J I. Phase-shifting color digital holography[J]. Optics Letters, 2002. 27(13): 1108 - 1110.

[125] Zhang S. Recent progresses on real-time 3D shape measurement using digital fringe projection techniques[J]. Optics and Lasers in Engineering, 2010. 48(2): 149 - 158.

[126] BoyerK L, Kak A C. Color-encoded structured light for rapid active ranging[J]. IEEE Transactions on Pattern Analysis and Machine Intelligence, 1987. 9(1): 14 - 28.

[127] Huang P S, et al. Color-encoded digital fringe projection technique for high-speed three-dimensional surface contouring[J]. Optical Engineering, 1999. 38(6): 1065 - 1071.

[128] Pan J, Huang P S, Chiang F P. Color-encoded digital fringe projection technique for high-speed3 - Dshape measurement: Color coupling and imbalance compensation[J]. International Society for Optical Engineering, 2004:205 - 212.

[129] Su W H, Projected fringe profilometry using the area-encoded algorithm for spatially isolated and dynamic objects[J]. Optics Express, 2008. 16(4): 2590 - 2596.

[130] Marr D, Poggio T. A computational theory of human stereo vision[J]. in Proc R SocLond B Biol Sci. 1979,204. ?

[131] 苏显渝,李继陶. 信息光学 [M]. 北京:科学出版社. 1999.

[132] BrunoF, et al. Experimentation of structured light and stereo vision for underwater 3D reconstruction[J]. ISPRS Journal of Photogrammetry and Remote Sensing, 2011. 66(4): 508 - 518.

［133］ Dong L, Huijie Z, Hongzhi J. Fast phase-based stereo matching method for 3D shape measurement［C］. In Optomechatronic Technologies (ISOT), 2010 International Symposium on. Toronto,Canada.

［134］ Han X, Huang P. Combined stereo vision and phase shifting method: a new approach for 3D shape measurement［C］. 2009. Munich, Germany: SPIE.

［135］ Kim M Y, Lee H, Cho H. Dense range map reconstruction from a versatile robotic sensor system with an active trinocular vision and a passive binocular vision［J］. Applied Optics, 2008. 47(11): 1927－1939.

［136］ Li D, Tian J. High-resolution dynamic three-dimensional profilomety based on a combination of stereo vision and color-encoded digital fringe projection［C］. 2010. Beijing, China: SPIE.

［137］ 苏轲,陈文静. 小波变换轮廓术抑制 CCD 非线性的分析［J］. 光学技术, 2009. 35(1): 37－40.

［138］ Huntley J M, Saldner H O. Shape measurement by temporal phase unwrapping: Comparison of unwrapping algorithms［J］. Measurement Science & Technology, 1997. 8(9): 986－992.

［139］ Zhao H, Chen W, Tan Y. Phase-unwrapping algorithm for the measurement of three-dimensional object shapes［J］. Applied Optics, 1994. 33(20): 4497－4500.

［140］ 周翔,赵宏. 使用离散小波变换的相位轮廓术［J］. 光学学报, 2009, 29 (6): 1563－1569.

［141］ 周翔,赵宏. 基于 Mexican hat 小波变换的三维轮廓术［J］. 光学学报, 2009, 29(1):197－202.

［142］ 陈文静. 基于双色条纹投影的快速傅立叶变换轮廓术［J］. 光学学报, 2003. 9(10): 1153－1157.